运镜师

短视频
实战版

深入学习
脚本设计与分镜拍摄

王婷婷 编著

U0230288

清华大学出版社
北京

内 容 简 介

本书通过 17 个短视频拍摄案例，深入介绍了 60 多个手机运镜技巧，并随书赠送了 220 个案例素材与效果文件、110 多个同步教学视频，帮助大家从入门到精通手机运镜，从新手成为运镜高手。

17 个短视频案例，类型从风光到人物、从商品到宣传、从文艺到短剧、从美食到探房等，应有尽有。从 9 大核心基础运镜，延伸、组合了 60 多个不同的运镜方式，讲解由浅入深、层层递进，全面细致。

本书既适合学习短视频拍摄的初学者，也适合想深入学习手机运镜与爆款制作的读者，特别是想拍摄风光、人物、商品、美食、短剧等主题的读者，还可以作为大中专院校相关专业的教材。

图书在版编目 (CIP) 数据

运镜师：深入学习脚本设计与分镜拍摄：短视频实战版 / 王婷婷编著 . —北京：清华大学出版社，2024.4 (2025.1重印)

ISBN 978-7-302-65941-9

Ⅰ . ①运…　Ⅱ . ①王…　Ⅲ . ①摄影技术②视频制作　Ⅳ . ① TB8 ② TN948.4

中国国家版本馆 CIP 数据核字 (2024) 第 065024 号

责任编辑：韩宜波
封面设计：徐　超
版式设计：方加青
责任校对：么丽娟
责任印制：宋　林

出版发行：清华大学出版社
　　　　　网　　　址：https://www.tup.com.cn，https://www.wqxuetang.com
　　　　　地　　　址：北京清华大学学研大厦 A 座　　　　　邮　　编：100084
　　　　　社 总 机：010-83470000　　　　　邮　　购：010-62786544
　　　　　投稿与读者服务：010-62776969，c-service@tup.tsinghua.edu.cn
　　　　　质 量 反 馈：010-62772015，zhiliang@tup.tsinghua.edu.cn
印 装 者：三河市君旺印务有限公司
经　　销：全国新华书店
开　　本：185mm×260mm　　　　印　　张：14.5　　　　字　　数：370 千字
版　　次：2024 年 5 月第 1 版　　　　印　　次：2025 年 1 月第 2 次印刷
定　　价：88.00 元

产品编号：104132-01

前言
FOREWORD

策划起因

目前，由于短视频热度高、形式多样，受到很多用户的青睐，而且随着短视频平台的不断发展，大部分网民不再局限于微信朋友圈，而是会更多地在抖音、快手等短视频平台展示自己的日常生活，希望受到更多人的关注与欢迎。除此之外，随着短视频平台的完善，短视频逐渐向电商方向发展，这也成为很多短视频博主变现转化的途径之一。

那么，如何才能让自己发布的短视频受到更多人的喜爱呢？最为关键的是提升短视频的质量。而要想提升短视频的质量，我们就要选定好短视频的主题，拍摄出精美的短视频画面，这也是大多数火爆短视频都拥有的特点。

除了短视频的质量要过关外，我们还应该有坚定的信念，寻求突破创新的方法，正如我国将必须坚定信心、锐意进取，主动识变应变求变，主动防范化解风险放在重要位置一样，手机运镜拍摄也需要付出强大的耐心，只有脚踏实地地学好每一个运镜技巧，并且不断地练习，才能有所进步，成长为运镜高手，拍摄出高质量的短视频。

系列图书

为帮助大家全方位成长，笔者团队特别策划了"深入学习"系列图书，从短视频的运镜、剪辑、特效、调色，到视音频的编辑、平面广告设计、AI智能绘画，应有尽有。该系列图书如下：

- 《运镜师：深入学习脚本设计与分镜拍摄（短视频实战版）》
- 《剪辑师：深入学习视频剪辑与爆款制作（剪映实战版）》
- 《音效师：深入学习音频剪辑与配乐（Audition实战版）》
- 《特效师：深入学习影视剪辑与特效制作（Premiere实战版）》
- 《调色师：深入学习视频和电影调色（达芬奇实战版）》
- 《视频师：深入学习视音频编辑（EDIUS实战版）》
- 《设计师：深入学习图像处理与平面制作（Photoshop实战版）》

● 《绘画师：深入学习AIGC智能作画（Midjourney实战版）》

该系列图书最大的亮点，就是通过案例介绍操作技巧，使读者在实战中精通软件。目前市场上的同类书，大多侧重于单个运镜拍摄知识点的讲解，比较零碎，学完了也不一定能制作出完整的效果，而本书列举了各种短视频拍摄案例，采用效果展示、驱动式写法，讲解由浅入深、循序渐进、层层剖析。

本书思路

本书为上述系列图书中的《运镜师：深入学习脚本设计与分镜拍摄（短视频实战版）》，具体的写作思路与特色如下。

❶ 17个主题，案例实战：主题涵盖了风光视频、城市旅游、古风旅拍、日常记录、情绪短片、公园游记、古街拍摄、人物街拍、种草视频、服装视频、情景短剧、文艺短片、实景探房、宣传视频、美食视频、开箱视频、总结视频等。

❷ 60多个运镜技巧，核心讲解：通过以上案例，从零开始，循序渐进地讲解了手机运镜拍摄技巧，从推、拉、移、摇、跟、升、降、旋转和环绕9大基础镜头出发，延伸、组合了60多个运镜方式，帮助读者从入门到精通手机运镜。

❸ 220个素材与效果文件提供：为方便大家学习，提供了书中所有案例的素材文件和效果文件。

❹ 110多个同步教学视频赠送：为了大家能高效、轻松地学习，书中案例全部制作了同步高清教学视频，用手机扫描章节中的二维码直接观看。

本书提供案例的素材文件、效果文件以及视频文件，扫一扫下面的二维码，推送到自己的邮箱后下载获取。

温馨提示

在编写本书时，编者是基于各大平台和软件截取的实际操作图片，但本书从编辑到出版需要一段时间，在这段时间里，平台和软件的界面与功能可能会有调整或变化，如有的内容删除了，有的内容增加了，这是软件开发商所做的更新。请读者在阅读时，根据书中的思路，举一反三，进行学习即可。

本书使用的软件版本为剪映手机版11.0.0。

本书由淄博职业学院的王婷婷老师编著。在此感谢周腾、徐必文、罗健飞、苏苏、巧慧、向小红、杨菲等人在本书编写时提供的素材帮助。

由于编者水平有限，书中难免有疏漏之处，恳请广大读者批评、指正。

编　者

目录
CONTENTS

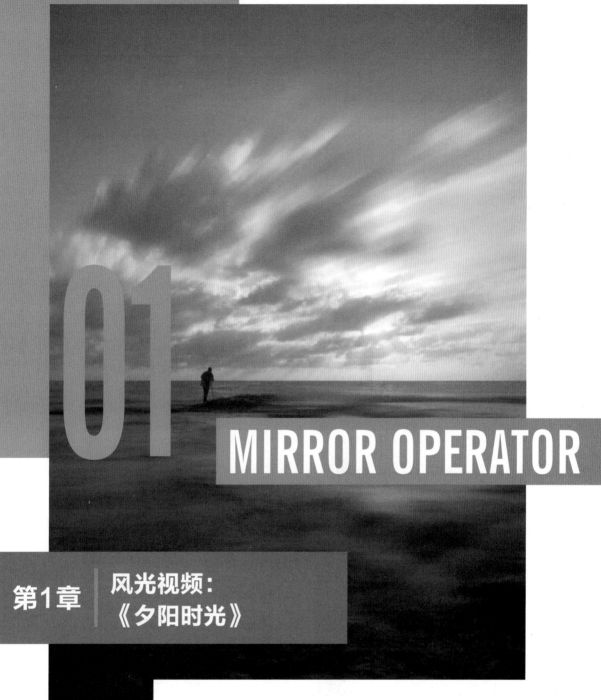

01

MIRROR OPERATOR

第1章 | 风光视频：
《夕阳时光》

当我们遇到美丽的风景时，如何拍出大片感的画面？本章将从理论到实战，帮助大家厘清运镜拍摄思路，轻而易举地拍摄出短视频运镜大片。本章将从效果展示、视频的分镜头拍摄和后期剪辑几部分入手，帮助大家掌握手机运镜拍摄要点，通过具体案例学习风光类运镜拍摄的重点。

1.1 《夕阳时光》效果展示

　　风光视频主要突出的是风景特点，可以是山水风光，可以是某个地方的特色风景，也可以是某一特殊时间段的美景。在拍摄风光视频时，用户一定要确保镜头中画面的美观度，确保拍到的和看到的是同样好看的画面，甚至拍到的画面比看到的画面更加美观。用户可以确定一个具体的主题，有目标地进行取景拍摄。

　　在拍摄《夕阳时光》视频之前，首先来欣赏本案例的视频效果，并了解案例的学习目标、脚本设计、知识讲解和要点讲堂。

1.1.1 效果欣赏

　　《夕阳时光》风光视频的画面效果如图1-1所示。

图1-1 　《夕阳时光》风光视频画面效果

1.1.2 学习目标

知识目标	掌握风光视频的拍摄方法
技能目标	（1）掌握旋转下摇镜头的拍摄方法 （2）掌握低角度横移镜头的拍摄方法 （3）掌握上摇后拉镜头的拍摄方法 （4）掌握特写环绕镜头的拍摄方法 （5）掌握仰拍右摇镜头的拍摄方法 （6）掌握剪映App中"一键成片"功能的操作方法
本章重点	5个分镜头的拍摄
本章难点	视频的后期处理
视频时长	1分41秒

1.1.3 脚本设计

在拍摄短视频之前，需要进行脚本设计，这样才能在之后的拍摄中胸有成竹。本次拍摄使用的工具是手机和手机稳定器。表1-1所示为《夕阳时光》的短视频脚本。

表1-1 《夕阳时光》的短视频脚本

镜　号	运　镜	拍摄画面	时　长	实景拍摄
1	旋转下摇	夕阳下的长椅	约12s	
2	低角度横移	草地中的小草	约8s	
3	上摇后拉	湖面上的夕阳	约8s	
4	特写环绕	路边的紫薇花	约8s	
5	仰拍右摇	紫薇花上面的天空	约8s	

在写脚本之前，最好对拍摄地点进行踩点，这样才能提前了解具体环境，实施拍摄计划。短视频主题是关于夕阳风光的，因此最好选择天气晴朗的下午进行。

在拍摄之前和拍摄过程中，也需要对脚本进行细微的调整。最好在设计脚本时，就多列一些运镜手法，用不同的运镜方式拍摄各种风光，这样在后期剪辑时，就有多段素材可选。因此，脚本不是一成不变的。

在拍摄完素材之后进行剪辑时，需要挑选最精美的运镜片段，对于不适合的素材，要及时删除和更替。在对素材进行剪辑排序时，最好按照时间、空间顺序进行排列，让镜头之间的切换更加流畅。

1.1.4　知识讲解

风光视频主要是指拍摄自然风光的视频，而一个完整的短视频，都是由一个个不同的分镜头组成的，因此掌握分镜头的拍摄方法，是制作一个视频的重点之一。风光视频要能够展现用户所看到或者遇到的风光景色，能让观众在看到该视频后，对视频中呈现的美景产生一定的向往之情。

1.1.5　要点讲堂

文章将具体讲解5个不同运镜方式的拍摄方法，以及使用剪映App快速进行剪辑的操作方法。具体内容如下所述。

❶ 本章介绍的旋转下摇、低角度横移、上摇后拉、特写环绕和仰拍右摇5个运镜方式，是在4个基础运镜方式——摇镜头、移镜头、拉镜头和环绕镜头的基础上，进行组合或变式的。组合运镜方式，相较于单一的运镜，可以让拍摄出来的画面变得更酷炫一些，同时更具有动感。

❷ 旋转下摇镜头是指镜头在旋转的同时进行下摇拍摄。上摇后拉则是在上摇的同时进行后拉拍摄，这种运镜方式可以让最终呈现的画面更有层次感。低角度横移、特写环绕和仰拍右摇，是在不同的拍摄角度和距离下进行的基础运镜，但由于拍摄角度和距离的特殊性，视频可以将被拍摄对象更为别致或有趣的一面展现给观众。

❸ 分镜头拍摄完成之后，可以在剪映App中进行简单的后期处理，让单个的分镜头连成一个完整的短片。剪映中的"一键成片"功能非常方便，其中有很多模板供用户选择，可以帮助用户快速出片。不过，使用模板时，系统一般会根据模板对视频素材进行一些裁剪，最终所呈现的视频时长可能会比分镜头素材的总时长要短，这是正常的。

1.2　《夕阳时光》分镜头拍摄

本节将为大家介绍视频《夕阳时光》中5个分镜头的具体拍摄方法，包括旋转下摇镜头、低角度横移镜头、上摇后拉镜头、特写环绕镜头和仰拍右摇镜头，希望大家通过本节内容的学习，可以将这些拍摄方法熟练地运用到日常的拍摄之中。

1.2.1　旋转下摇镜头

扫码看视频

【效果展示】：旋转下摇镜头是将镜头旋转一定角度之后，在拍摄的过程中慢慢回正，并同时进行下摇拍摄。这样将两个镜头组合拍摄，比直接的下摇镜头或者旋转镜头更有层次，组合之后的镜头可以让画面不那么单调。这组镜头作为开场可以展示短视频的拍摄时间和地点。

旋转下摇镜头效果展示如图1-2所示。

图1-2　旋转下摇镜头效果展示

运镜教学视频画面如图1-3所示。

图1-3　运镜教学视频画面

【运镜拆解】：下面对脚本和分镜头做详细的介绍。

STEP 01 ▶▶ 切换至"旋转拍摄"模式，并将手机稳定器举高，将镜头旋转一定角度拍摄远处的天空，如图1-4所示。

STEP 02 ▶▶ 推动手机稳定器上的摇杆，使镜头慢慢旋转，在旋转的同时进行下摇拍摄，如图1-5所示。

图1-4　将镜头旋转一定角度拍摄天空　　　图1-5　进行旋转和下摇拍摄

STEP 03 ▶▶▶ 继续向同一方向推动摇杆，使镜头继续旋转，并下摇，旋转至镜头回正之后，停止旋转拍摄，如图1-6所示。

STEP 04 ▶▶▶ 镜头继续下摇拍摄，下摇一段距离，拍摄公园的长椅，展示视频拍摄地点，如图1-7所示。

图1-6 镜头旋转回正　　　　　　　　图1-7 镜头下摇拍摄长椅

1.2.2 低角度横移镜头

扫码看视频

【效果展示】：上一个镜头拍摄了天空中的落日和公园的长椅，这个镜头可以对长椅旁边的草丛进行近景拍摄。在拍摄时，最好从低角度进行横移运镜拍摄，这样可以让镜头更加聚焦于草丛上，展示出不一样的生机画面。

低角度横移镜头效果展示如图1-8所示。

图1-8 低角度横移镜头效果展示

运镜教学视频画面如图1-9所示。

图1-9 运镜教学视频画面

【运镜拆解】：下面对脚本和分镜头做详细的介绍。

STEP 01 ▶▶ 拍摄者可以弯腰或者蹲下，将镜头角度调低，且适当贴近草丛进行拍摄，使草丛占据1/2左右的画面，如图1-10所示。

STEP 02 ▶▶ 镜头从右往左进行低角度横移拍摄，让画面流动起来，如图1-11所示。

图1-10 镜头低角度拍摄草丛　　　　　　图1-11 镜头往左横移

专家指点

　　　在拍摄草丛时，需要设置对焦，在手机取景屏幕上用手指点击屏幕画面中拍摄到的小草，镜头就会定焦在草丛上。

1.2.3 上摇后拉镜头

扫码看视频

【效果展示】：上摇后拉镜头是指同时进行向上摇和往后拉的运镜拍摄。在上一个镜头中出现了围栏，本段镜头可以拍摄围栏下的夕阳倒影，利用上摇后拉镜头就能实现流畅的画面转换。

上摇后拉镜头效果展示如图1-12所示。

图1-12　上摇后拉镜头效果展示

运镜教学视频画面如图1-13所示。

图1-13　运镜教学视频画面

【运镜拆解】：下面对脚本和分镜头做详细的介绍。

STEP 01 ▶▶ 镜头越过湖边的围栏，俯拍湖面上的夕阳倒影，如图1-14所示。

STEP 02 ▶▶ 镜头在上摇的同时，慢慢进行后拉，拍摄到更多湖泊上方的风景，同时让镜头逐渐回到围栏前，如图1-15所示。

图1-14　镜头俯拍湖面上的夕阳　　　图1-15　镜头上摇的同时进行后拉

STEP 03 ≫ 镜头继续上摇后拉一段距离，如图1-16所示。

STEP 04 ≫ 镜头上摇后拉到一定的距离后，让围栏成为主要的前景，并让夕阳和倒影都出现在画面中，如图1-17所示。

图1-16　镜头继续上摇后拉一段距离　　　　　图1-17　让围栏成为前景

1.2.4　特写环绕镜头

扫码看视频

【效果展示】：环绕镜头是指以被拍摄主体为中心，围绕被拍摄主体进行环绕运动，运动轨迹为弧线。环绕镜头可以突出主体，增加画面的动感。本次拍摄，以紫薇花为主体，进行特写环绕拍摄，再若隐若现地展示背景中虚化的人物，氛围感十足。

特写环绕镜头效果展示如图1-18所示。

图1-18　特写环绕镜头效果展示

运镜教学视频画面如图1-19所示。

图1-19　运镜教学视频画面

【运镜拆解】：下面对脚本和分镜头做详细的介绍。

STEP 01 ▶▶▶ 镜头向右边偏一些，拍摄树枝上的紫薇花，并使镜头定焦在紫薇花上，让背景虚化，如图1-20所示。

STEP 02 ▶▶▶ 以紫薇花为主体，镜头围绕紫薇花慢慢从右至左拍摄，如图1-21所示。

STEP 03 ▶▶▶ 镜头环绕到一定的角度，让背景中虚化的人物展示出来，如图1-22所示。

图1-20　镜头向右偏拍摄紫薇花　　　图1-21　镜头从右至左拍摄　　　图1-22　镜头环绕到一定的角度

1.2.5　仰拍右摇镜头

扫码看视频

【效果展示】：仰拍右摇镜头是指镜头在仰拍角度下，进行从左向右的摇摄运镜。仰拍角度的镜头可以丰富视频画面。在拍摄了紫薇花后，就可以仰拍紫薇花树枝，而且留白的天空可以让视频效果更加自然。

仰拍右摇镜头效果展示如图1-23所示。

图1-23 仰拍右摇镜头效果展示

运镜教学视频画面如图1-24所示。

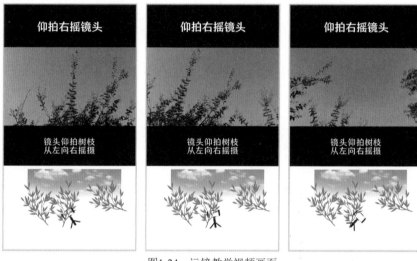

图1-24 运镜教学视频画面

【运镜拆解】：下面对脚本和分镜头做详细的介绍。

STEP 01 ▶▶ 找到一个合适的机位，仰拍上方的紫薇花树枝，如图1-25所示。

STEP 02 ▶▶ 镜头的位置固定不动，开始慢慢从左向右进行摇摄，如图1-26所示。

图1-25 镜头仰拍树枝　　　　　　　　图1-26 镜头开始向右摇摄

STEP 03 ▶▶ 镜头继续摇摄一些角度，如图1-27所示。

STEP 04 镜头右摇拍摄到旁边的树枝，并让画面有一些天空留白即可结束运镜，如图1-28所示。

图1-27　镜头继续摇摄一些角度　　　　　图1-28　镜头摇摄到旁边的树枝

1.3 后期剪辑：一键成片

　　拍摄好分镜头后，要进行一定的后期处理，才能让分镜头视频成为一个真正的视频短片。大家可以使用剪映App进行视频的后期处理，因为剪映是一个非常容易上手的剪辑软件。

扫码看视频

　　下面介绍剪映App中"一键成片"功能的操作方法。

STEP 01 打开剪映App，进入剪映主界面后，点击"一键成片"按钮，如图1-29所示。

STEP 02 进入"照片视频"界面，❶按顺序选择相应的视频素材；❷在下方的搜索框中，输入模板要求；❸点击"下一步"按钮，如图1-30所示。

图1-29　点击"一键成片"按钮　　　　　图1-30　点击"下一步"按钮

STEP 03 ❶在打开的"选择模板"界面中，选择一个合适的模板进行套用；❷点击"导出"按钮，如图1-31所示。

STEP 04 点击 🖾 按钮，如图1-32所示，即可将成品视频保存至手机本地。

图1-31　点击"导出"按钮　　　　图1-32　点击相应的按钮

专家指点

　　在"照片视频"界面中，用户可以在搜索框中输入各种不同的指令，以便系统筛选出更合适的模板。当然也可以不输入任何指令，让系统随机提供各种类型的模板。此外，模板的生成具有随机性，即使同样的指令，每次生成的模板也会不一样，本章主要是为大家介绍这一功能的操作方法。

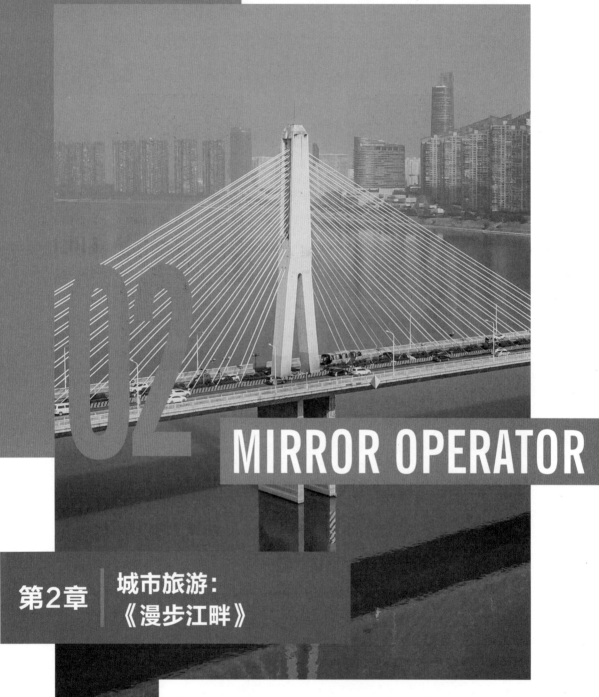

02

MIRROR OPERATOR

第2章 | 城市旅游：
《漫步江畔》

　　关于城市旅游视频的拍摄，最主要的是找到城市有特色的代表景点，然后撰写脚本，制订拍摄计划。该城市旅游视频的拍摄主题是湘江边上，因此拍摄内容也是围绕其展开的。当然，除了选择单个城市的景点进行拍摄外，还可以选择多个城市或者多个景点进行拍摄，后期剪辑合成一段完整的旅游短片。

2.1 《漫步江畔》效果展示

　　城市旅游视频是一种记录旅程内容的视频方式，它可以是旅行路途上的所见、所闻、所想，也可以是旅行中的风景人文等，通过精美、优质的视频画面来吸引观众。旅游视频通常发布在朋友圈、微博等社交平台，以及抖音、快手等短视频平台上，能在一定程度上给予观众旅行的参考意见，以及观赏效果。

　　在拍摄《漫步江畔》视频之前，首先来欣赏本案例的视频效果，并了解案例的学习目标、脚本设计、知识讲解和要点讲堂。

2.1.1 效果欣赏

　　《漫步江畔》城市旅游视频的画面效果如图2-1所示。

图2-1 　《漫步江畔》城市旅游视频画面效果

2.1.2 学习目标

知识目标	掌握城市旅游视频的拍摄方法
技能目标	（1）掌握下摇后拉镜头的拍摄方法 （2）掌握上升跟随镜头的拍摄方法 （3）掌握降镜头的拍摄方法 （4）掌握上升前推镜头的拍摄方法 （5）掌握上升空镜头的拍摄方法 （6）掌握背面环绕镜头的拍摄方法 （7）掌握水平摇摄镜头的拍摄方法 （8）掌握在剪映App中为视频添加转场和背景音乐的方法
本章重点	7个分镜头的拍摄
本章难点	视频的后期剪辑操作
视频时长	3分01秒

2.1.3 脚本设计

要拍摄城市旅游视频，一定要提前确定好拍摄地点、策划好脚本，才能在拍摄时更加得心应手。本次拍摄使用的工具是手机和手机稳定器。表2-1所示为《漫步江畔》的短视频脚本。

表2-1 《漫步江畔》的短视频脚本

镜 号	运 镜	拍 摄 画 面	时 长	实 景 拍 摄
1	下摇后拉镜头	人物在广场上行走	约3s	
2	上升跟随镜头	人物在路边行走	约4s	
3	降镜头	远处的江景	约3s	
4	上升前推镜头	人物坐在大石头上	约6s	
5	上升空镜头	江边的潮水	约3s	

续表

镜　号	运　　镜	拍摄画面	时　　长	实景拍摄
6	背面环绕镜头	人物站在江边	约5s	
7	水平摇摄	江边风景	约4s	

专家指点 脚本是视频拍摄的重要依据，但在拍摄过程中，也要根据实际情况灵活地变动和调整。

2.1.4　知识讲解

城市旅游视频主要是展示某一个城市的特色风光，可以是自然风景，也可以是人文景观，并且城市旅游视频要有人物出境，才更能体现旅游的主题。城市旅游视频要能够将一个城市的某一种特色展现出来，可以是当地的特色美食，也可以是独具特色的风景等。总之，要能让观众在看到该视频后，对视频中所展示的城市风光有所向往。

2.1.5　要点讲堂

本章主要讲解7个不同运镜方式的拍摄方法，以及使用剪映App快速进行剪辑的操作方法。具体内容如下所述。

❶ 本章介绍的下摇后拉镜头、上升跟随镜头、降镜头、上升前推镜头、上升空镜头、背面环绕镜头和水平摇摄7个运镜方式，是在4个基础运镜方式——摇镜头、降镜头、推镜头和环绕镜头的基础上，进行拓展和组合的。

❷ 下摇后拉镜头和水平摇摄都融入了摇镜头。摇镜头是一个简单易操作，且使用场景丰富的运镜方式。单独的摇镜头特别适合用来拍摄大场面的风景视频，在拍摄人物时和其他运镜方式进行组合，可以让视频画面更有动感。

❸ 降镜头和上升镜头是两个运镜方向相反的镜头，一个从高处往下降，一个从低处往上升。上升跟随镜头，则是在上升的同时，跟随人物运动轨迹进行运镜，这个镜头可以制造一定的神秘感。上升空镜头是指拍摄风景的上升镜头。在本章视频中，利用上升空镜头拍摄的江边潮水很有意境。

❹ 在使用背面环绕镜头拍摄人物时，要根据人物状态来选择合适的拍摄距离、角度，以便将人物最好的状态拍摄出来，且要尽量让人物始终保持在画面中心。

❺ 分镜头拍摄完成之后，需要进行后期剪辑，才能最终完成视频的制作。本章后期剪辑将为大家介绍在剪映App中为视频添加转场和背景音乐的方法。

2.2 《漫步江畔》分镜头拍摄

　　城市旅游的分镜头片段来源于镜头脚本，根据脚本内容拍摄了7段分镜头，下面将对这些分镜头片段一一进行展示。

2.2.1 下摇后拉镜头

　　【效果展示】：下摇后拉镜头是指镜头角度从仰视慢慢下摇至平视角度，同时进行后拉运镜。将该镜头作为整个视频的第1个镜头，可以用来展示人物出场的画面，并交代人物所处的环境和地点。

　　下摇后拉镜头效果展示如图2-2所示。

图2-2　下摇后拉镜头效果展示

运镜教学视频画面如图2-3所示。

图2-3　运镜教学视频画面

【运镜拆解】：下面对脚本和分镜头做详细的介绍。

STEP 01 ≫ 镜头仰拍人物上方的天空，人物同时向前走，远离镜头，此时人物未出现在画面中，如图2-4所示。

STEP 02 ≫ 镜头慢慢下摇，同时进行后拉，人物继续向前走，镜头拍摄到人物背面，如图2-5所示。

图2-4　镜头仰拍天空　　　　　　图2-5　镜头同时进行下摇后拉运镜

STEP 03 ≫ 人物继续向前走，镜头继续下摇后拉，下摇至平拍角度后停止下摇运镜，如图2-6所示。

STEP 04 ≫ 镜头继续后拉一段距离，人物继续前行，展现人物全景和人物所处的环境，如图2-7所示。

图2-6　镜头下摇至平拍角度　　　　　图2-7　镜头继续后拉一段距离

2.2.2 上升跟随镜头

扫码看视频

【效果展示】：上升跟随镜头是镜头从较低角度就开始拍摄，然后慢慢往高处上升，在上升的同时，从人物背后跟随运镜拍摄。该镜头展示的是人物，拍摄人物走到江边看风景的画面，同时展示江边的美景，切入视频主题。

上升跟随镜头效果展示如图2-8所示。

图2-8　上升跟随镜头效果展示

运镜教学视频画面如图2-9所示。

图2-9　运镜教学视频画面

【运镜拆解】：下面对脚本和分镜头做详细的介绍。

STEP 01 ▶▶▶ 将镜头放低，拍摄人物的腿部，人物向前行走，如图2-10所示。

STEP 02 ▶▶▶ 人物向前走，镜头慢慢上升，同时跟随人物前进，人物的头部出现在画面中，如图2-11所示。

图2-10　镜头拍摄人物的腿部　　　　　图2-11　镜头上升拍摄到人物头部

STEP 03 ▶▶▶ 人物走向江边，镜头继续从背后跟随人物，并继续上升拍摄，如图2-12所示。

STEP 04 >>> 人物停在江边欣赏风景，镜头停止跟随，继续上升一点之后，停止运镜，展示人物及风景，如图2-13所示。

图2-12 镜头继续上升跟随拍摄

图2-13 镜头继续上升一点

2.2.3 降镜头

扫码看视频

【效果展示】：降镜头是指镜头从较高一点的地方慢慢下降拍摄。该镜头展示的是风景，拍摄的是江面远处的轮船与江景，与上段人物远眺江边的分镜头形成逻辑上的连接。

降镜头效果展示如图2-14所示。

图2-14 降镜头效果展示

运镜教学视频画面如图2-15所示。

图2-15　运镜教学视频画面

【运镜拆解】：下面对脚本和分镜头做详细的介绍。

STEP 01 ▷▷▷ 将镜头举高，拍摄上方的天空，如图2-16所示。

STEP 02 ▷▷▷ 镜头慢慢下降，拍摄远处的江景、轮船和楼房，如图2-17所示。

图2-16　镜头拍摄天空　　　　　　　图2-17　镜头下降拍摄江景

专家指点　　降镜头和升镜头是运镜方向相反的两个镜头，后者是从低处上升拍摄。单独的降镜头和升镜头的拍摄都比较简单，但在拍摄时，要注意保持画面的稳定。另外，要选择有差异化的风景，使镜头下降前后或者上升前后拍摄到的画面有所不同。

2.2.4　上升前推镜头

【效果展示】：上升前推镜头是指镜头从较低处慢慢上升，并同时进行前推运镜，逐渐靠近被摄主体。该镜头展示的是坐在石头上的人物，表现人物在旅行中的享受和惬意。

扫码看视频

上升前推镜头效果展示如图2-18所示。

图2-18 上升前推镜头效果展示

运镜教学视频画面如图2-19所示。

图2-19 运镜教学视频画面

【运镜拆解】：下面对脚本和分镜头做详细的介绍。

STEP 01 ▶▶▶ 人物坐在石头上，位置始终不动，镜头从侧面进行拍摄，稍微降低机位，使人物不完全出现在画面中，如图2-20所示。

STEP 02 ▶▶▶ 镜头慢慢上升，拍摄人物的全景，同时慢慢前推，如图2-21所示。

STEP 03 ▶▶▶ 人物坐在石头上做动作，镜头继续上升前推，逐渐靠近人物，如图2-22所示。

STEP 04 ▶▶▶ 镜头上升至拍摄人物上半身，同时前推拍摄人物近景，如图2-23所示。

图2-20 降低机位，镜头从侧面拍摄

图2-21 镜头上升前推

图2-22 镜头逐渐靠近人物

图2-23 镜头拍摄人物近景

2.2.5 上升空镜头

扫码看视频

【效果展示】：上升空镜头是指用上升运镜拍摄没有人物出镜的风景镜头。该镜头展示的是江边的潮水，上一个分镜头是人物坐在石头上，而这一个分镜头中也出现了石头，利用相同的元素来实现画面的转变。

上升空镜头效果展示如图2-24所示。

图2-24 上升空镜头效果展示

运镜教学视频画面如图2-25所示。

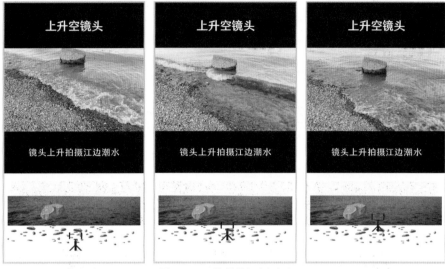

图2-25　运镜教学视频画面

【运镜拆解】：下面对脚本和分镜头做详细的介绍。

STEP 01 ▶▶▶ 在江边找到一个合适的机位，镜头微微俯拍，拍摄江边及潮水，如图2-26所示。

STEP 02 ▶▶▶ 镜头保持微微俯拍的角度，慢慢向上升一点，整个视频展示了江边潮水的涌动，如图2-27所示。

图2-26　镜头拍摄江边潮水

图2-27　镜头慢慢向上升一点

2.2.6　背面环绕镜头

【效果展示】：背面环绕镜头是指以人物为中心，从人物背面进行半环绕拍摄，从不同的方位展示人物和周围风景。上一个镜头是风景镜头，而这里衔接一个人物镜头可以让视频画面更丰富。

背面环绕镜头效果展示如图2-28所示。

扫码看视频

图2-28　背面环绕镜头效果展示

运镜教学视频画面如图2-29所示。

图2-29　运镜教学视频画面

【运镜拆解】：下面对脚本和分镜头做详细的介绍。

STEP 01 ▶▶▶ 镜头从人物的斜后方开始拍摄，同时展现人物和风景，如图2-30所示。

STEP 02 ▶▶▶ 人物的位置不动，可以在原地做动作，镜头环绕到人物正后方，如图2-31所示。

图2-30　镜头拍摄人物斜后方　　　　图2-31　镜头环绕到人物正后方

26

STEP 03 >>> 镜头继续往人物的左侧环绕，始终保持人物在画面的中心位置，如图2-32所示。

STEP 04 >>> 镜头环绕到人物的另一侧面，大概环绕了180°，即可结束运镜，展示了人物和其周围的风景，如图2-33所示。

图2-32　镜头继续往人物的左侧环绕　　　图2-33　镜头环绕到人物的另一侧面

2.2.7　水平摇摄

【效果展示】：水平摇摄是指镜头向左或者向右摇摄。该分镜头是向右摇摄江景。摇摄运镜是一个十分适合拍摄大场面风景的镜头，可以将更多的元素或者是信息展现在镜头中。这段利用摇摄拍出来的水天一色的江景画面作为该视频的结束镜头是最合适的，也和视频主题"漫步江畔"十分贴合。

水平摇摄效果展示如图2-34所示。

图2-34　水平摇摄效果展示

运镜教学视频画面如图2-35所示。

图2-35　运镜教学视频画面

【运镜拆解】：下面对脚本和分镜头做详细的介绍。

STEP 01 ▷▷ 找到一个合适的机位，镜头拍摄左侧江景，如图2-36所示。

STEP 02 ▷▷ 拍摄者的位置保持不动，镜头向右摇摄，拍摄到右侧的江景，如图2-37所示。

图2-36　镜头拍摄左侧江景　　　　　　图2-37　镜头向右摇摄

2.3　后期剪辑：添加转场和音乐

在视频的后期剪辑处理中，转场和音乐是重要的组成部分，转场可以让素材之间衔接得更自然，音乐可以突出视频的风格和主题。

下面介绍在剪映App中添加转场和背景音乐的操作方法。

扫码看视频

STEP 01 ▶▶▶ 打开剪映App，按顺序导入拍摄好的分镜头素材，❶点击第1段素材和第2段素材之间的 I 按钮；❷切换至"叠化"选项卡；❸选择"渐变擦除"转场效果；❹点击"全局应用"按钮，如图2-38所示，即可将该转场效果应用到所有素材之间。

STEP 02 ▶▶▶ 返回一级工具栏，并拖曳时间轴至视频起始位置，❶点击视频轨道左侧的"关闭原声"按钮，关闭所有素材原声；❷依次点击"音频"按钮和"音乐"按钮，如图2-39所示。

图2-38 点击"全局应用"按钮

图2-39 点击"音频"按钮和"音乐"按钮

STEP 03 ▶▶▶ ❶在相应的界面中选择VLOG（全称是video blog或video log，意思是视频记录、视频博客、视频网络日志）选项；❷选择一个合适的音乐，点击右侧的"使用"按钮；❸拖曳时间轴至视频素材结束位置；❹选择音频素材；❺点击"分割"按钮，最后再点击"删除"按钮，如图2-40所示，将多余的音频素材删除即可。

图2-40 点击"分割"按钮

03

MIRROR OPERATOR

第3章 | 古风旅拍：
《一念相思落》

　　古风旅拍，需要被摄人物穿着古代风格的服装，选取有历史文化气息的古建筑场景，以及选择天气晴朗和光线柔和的时段进行拍摄。在选择运镜方式时，需要做到动静结合、人景都不落下，也就是需要运动镜头与固定镜头相搭配、人物镜头与空镜头排列得当，这样才能让视频具有古风古韵的效果。

3.1 《一念相思落》效果展示

　　古风旅拍《一念相思落》视频是由多段分镜头片段构成的，既有展现古色古香环境的空镜头，也有人物镜头，人物镜头与空镜头穿插搭配，加上巧妙的后期剪辑，让整个视频十分富有韵味。

　　在拍摄《一念相思落》视频之前，首先来欣赏本案例的视频效果，并了解案例的学习目标、脚本设计、知识讲解和要点讲堂。

3.1.1 效果欣赏

　　《一念相思落》古风旅拍视频的画面效果如图3-1所示。

图3-1　《一念相思落》古风旅拍视频画面效果

3.1.2 学习目标

知识目标	掌握古风旅拍视频的拍摄方法
技能目标	（1）掌握右摇镜头的拍摄方法 （2）掌握左摇下降镜头的拍摄方法 （3）掌握越过前景前推镜头的拍摄方法 （4）掌握上摇镜头的拍摄方法 （5）掌握下降前推镜头的拍摄方法 （6）掌握仰拍空镜头的拍摄方法 （7）掌握固定人物镜头的拍摄方法 （8）掌握固定特写镜头的拍摄方法 （9）掌握仰拍环绕镜头的拍摄方法 （10）掌握下降镜头的拍摄方法 （11）掌握在剪映App中为视频素材添加滤镜、转场和音乐的操作方法
本章重点	10个分镜头的拍摄
本章难点	视频的后期处理
视频时长	3分24秒

3.1.3 脚本设计

要拍摄古风旅拍视频，一定要提前找好一个古色古香、符合拍摄主题的拍摄地点，根据拍摄环境策划好脚本，才能使拍摄更加顺利。本次拍摄使用的工具是手机和手机稳定器。表3-1所示为《一念相思落》的短视频脚本。

表3-1 《一念相思落》的短视频脚本

镜 号	运 镜	拍摄画面	时 长	实景拍摄
1	右摇镜头	拍摄古建筑全景	约4s	
2	左摇下降镜头	拍摄单个有特色的建筑	约3s	
3	越过前景前推镜头	人物扶着窗户	约4s	
4	上摇镜头	人物在走廊行走的背影	约3s	

续表

镜　号	运　镜	拍摄画面	时　长	实景拍摄
5	下降前推镜头	高角度俯拍人物	约5s	
6	仰拍空镜头	仰拍古建筑一角	约1s	
7	固定人物镜头	人物上桥	约1s	
8	固定特写镜头	低角度拍摄人物上台阶的脚步	约2s	
9	仰拍环绕镜头	仰拍红色的枫树叶子	约6s	
10	下降镜头	人物祈福	约3s	

3.1.4　知识讲解

在拍摄古风类的视频时，需要天时、地利与人和，天时是拍摄时间；地利是地点选择；人和是要重点关注前期的人员安排，这样才能确保拍摄顺利完成。

在拍摄古风类的视频时，需要提前踩点，确保大部分的场景都能拍出理想的画面效果。在选择拍摄时间的时候，尽量错开人流量高峰期，保证背景简洁。拍摄时段可以选择上午或者下午，这些时间段的光线是最柔和的。

在拍摄古风旅拍视频之前，首先需要选定的就是人物所要穿的服装。衣服是视频画面中最主要的一部分，衣服需要与场景、背景相协调。比如，在野外，可以选择清新淡雅的服装，如绿色或者素色系的古风服装；在一些古建筑场景中，可以选择一些颜色比较鲜艳的服装，借此突出主体，让画面焦点聚集在人物身上。

妆容也是古风旅拍中必不可少的一部分。在竹林、室内拍摄时，可以选择比较淡雅的妆容；在比较大气的场景拍摄时，则需要艳丽的妆容，借此让视频画面更加大气和典雅。

3.1.5 要点讲堂

本章主要讲解10个不同运镜方式的拍摄方法，以及使用剪映App快速进行剪辑的操作方法。具体内容如下所述。

① 本章介绍的右摇镜头、左摇下降镜头、越过前景前推镜头、上摇镜头、下降前推镜头、仰拍空镜头、固定人物镜头、固定特写镜头、仰拍环绕镜头和下降镜头10个运镜方式，虽然在本案例中运用较多，但实际操作起来并不困难。

② 右摇镜头、左摇下降镜头、上摇镜头和下降镜头都是摇镜头、降镜头、升镜头中的一种，或者是这几个基本镜头组合而成的。这几个镜头既能帮助大家学习基础镜头的拍摄，又能让大家学会更多不同的组合运镜。

③ 越过前景前推镜头和下降前推镜头中都有前推运镜，前推运镜就是镜头从远处慢慢靠近被摄主体的镜头。只要在运镜过程中保持稳定，选取好看的画面拍摄，拍出来的分镜头一般都不会出错。

④ 仰拍空镜头和仰拍环绕镜头都是在仰拍角度下拍摄的风景镜头，仰拍可以让被摄对象看起来更加高大，有别样的趣味。

⑤ 固定人物镜头和固定特写镜头，都是指镜头找准一个合适的机位之后就固定不动，拍摄运动中的人物。

⑥ 本章的后期剪辑部分，将为大家介绍在剪映App中添加滤镜、转场和音乐的操作方法。

3.2 《一念相思落》分镜头拍摄

《一念相思落》古风旅拍的分镜头片段来源于镜头脚本，根据脚本内容拍摄了10段分镜头，下面将对这些分镜头片段一一进行展示。

3.2.1 右摇镜头

扫码看视频

【效果展示】：右摇镜头是指镜头从左至右进行摇摄。作为第1个镜头，该镜头展示的是环境场景，包括宏大的古建筑与优美的环境。镜头在右摇时，鸽子群刚好从屋顶飞出来，画面大气又有生机。

右摇镜头效果展示如图3-2所示。

图3-2 右摇镜头效果展示

34

图3-2　右摇镜头效果展示（续）

运镜教学视频画面如图3-3所示。

图3-3　运镜教学视频画面

【运镜拆解】：下面对脚本和分镜头做详细的介绍。

STEP 01 ▶▶▶ 镜头与古建筑保持一定距离，以花草为前景，拍摄古建筑，如图3-4所示。

STEP 02 ▶▶▶ 固定镜头位置，从左至右摇摄古建筑和周围的环境，以及从屋顶飞来的鸽子群，如图3-5所示。

图3-4　以花草为前景拍摄　　　　　图3-5　从左至右摇摄

3.2.2　左摇下降镜头

【效果展示】：左摇下降镜头是指镜头从右至左摇摄，在摇摄的同时进行下降拍摄。第2个镜头展示的是一个凉亭建筑，先展示建筑的全貌，然后左摇并下降镜头，让画

扫码看视频

面给天空留白，增加余韵。

左摇下降镜头效果展示如图3-6所示。

图3-6　左摇下降镜头效果展示

运镜教学视频画面如图3-7所示。

图3-7　运镜教学视频画面

【运镜拆解】：下面对脚本和分镜头做详细的介绍。

STEP 01 ▶▶ 将手机举高，并微微仰拍，拍摄凉亭，如图3-8所示。

STEP 02 ▶▶ 镜头慢慢向左侧摇摄，同时慢慢下降一点，如图3-9所示，在运镜过程中始终保持微微仰拍，避免拍摄到凉亭内的人物。

图3-8　手机举高拍摄凉亭　　　　　图3-9　镜头进行左摇下降运镜

3.2.3 越过前景前推镜头

扫码看视频

【效果展示】：越过前景前推镜头是指先拍摄前景，镜头慢慢前推越过前景，进而拍摄主体人物。第3个镜头展示的是人物，以柱子为前景，镜头越过前景进行前推，并慢慢聚焦于人物，用来揭示人物出场。

越过前景前推镜头效果展示如图3-10所示。

图3-10 越过前景前推镜头效果展示

运镜教学视频画面如图3-11所示。

图3-11 运镜教学视频画面

【运镜拆解】：下面对脚本和分镜头做详细的介绍。

STEP 01 ≫ 以柱子作为前景，并占据大部分画面，拍摄远处的人物，如图3-12所示。

STEP 02 ≫ 镜头慢慢前推，画面中的柱子占比变小，让镜头更加聚焦于人物，如图3-13所示。

运镜师 深入学习脚本设计与分镜拍摄 短视频实战版 | MIRROR OPERATOR

图3-12 以柱子为前景,拍摄远处的人物

图3-13 镜头慢慢前推

STEP 03 ≫ 镜头继续前推,使柱子完全离开画面,如图3-14所示。

STEP 04 ≫ 镜头继续前推一段距离拍摄人物,使镜头完全聚焦于人物,如图3-15所示。

图3-14 镜头继续前推

图3-15 镜头继续前推一段距离

3.2.4 上摇镜头

扫码看视频

【效果展示】:上摇镜头是指镜头从俯拍角度慢慢上摇至平拍角度。第4个镜头展示的也是人物,在镜头上摇的时候,从拍摄人物背面下半身到上半身,展示人物和人物周围的环境。

上摇镜头效果展示如图3-16所示。

图3-16 上摇镜头效果展示

运镜教学视频画面如图3-17所示。

图3-17　运镜教学视频画面

【运镜拆解】：下面对脚本和分镜头做详细的介绍。

STEP 01 ▶▶ 找好一个合适的机位，固定镜头，俯拍人物的下半身，人物准备往前走，如图3-18所示。

STEP 02 ▶▶ 人物背对镜头，向前行走，镜头慢慢上摇至平拍视角，拍摄人物的上半身，如图3-19所示。

图3-18　镜头俯拍人物的下半身　　　　图3-19　镜头上摇至平拍视角

3.2.5　下降前推镜头

扫码看视频

【效果展示】：下降前推镜头是指镜头从高处下降，并慢慢前推靠近人物。该镜头展示的同样是人物。利用下降前推运镜展示人物的动作和神态，表现出人物在祈福树下忧思，传达怀念和相思之感。

下降前推镜头效果展示如图3-20所示。

图3-20　下降前推镜头效果展示

运镜教学视频画面如图3-21所示。

图3-21　运镜教学视频画面

【运镜拆解】：下面对脚本和分镜头做详细的介绍。

STEP 01 ≫ 以树叶为前景，镜头从较高处拍摄站在湖边的人物，如图3-22所示。

STEP 02 ≫ 镜头慢慢下降，在下降的同时进行前推运镜，逐渐靠近人物，使画面焦点聚集在人物的动作和神态上，如图3-23所示。

图3-22　镜头从较高处拍摄人物　　　　　图3-23　镜头下降前推，靠近人物

3.2.6 仰拍空镜头

【效果展示】：仰拍空镜头是指在仰拍角度下拍摄的空镜头画面。该镜头展示的是环境，也是一段用来转场的空镜头，拍摄者用仰拍镜头拍摄远处的建筑一角，抓拍鸽子起飞的画面。拍摄这类镜头时要注重画面的构图，学会利用周围物体当前景，可以让画面更加美观。

仰拍空镜头效果展示如图3-24所示。

图3-24 仰拍空镜头效果展示

运镜教学视频画面如图3-25所示。

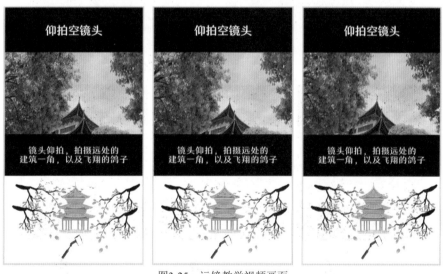

图3-25 运镜教学视频画面

【运镜拆解】：下面对脚本和分镜头做详细的介绍。

STEP 01 >>> 镜头仰拍，拍摄远处的建筑，如图3-26所示。

STEP 02 >>> 镜头始终保持仰拍，抓拍到飞翔的鸽群，稍稍右移镜头，如图3-27所示。

图3-26　镜头仰拍远处建筑　　　　图3-27　镜头稍稍向右移

3.2.7　固定人物镜头

扫码看视频

【效果展示】：固定人物镜头展示的是人物，以桥为画面的重点要素，固定镜头拍摄人物过桥的画面，捕捉人物全身体态与较大一些的动作，拍摄角度是侧面斜角度，这样拍出来的画面具有鲜明的立体感。

固定人物镜头效果展示如图3-28所示。

图3-28　固定人物镜头效果展示

运镜教学视频画面如图3-29所示。

图3-29　运镜教学视频画面

【运镜拆解】：下面对脚本和分镜头做详细的介绍。

STEP 01 >>> 找到一个合适的机位，镜头固定不动，人物准备上桥，如图3-30所示。

STEP 02 >>> 镜头位置保持不动，拍摄人物上桥这个动作，如图3-31所示。

图3-30 镜头固定不动

图3-31 镜头拍摄人物上桥

3.2.8 固定特写镜头

扫码看视频

【效果展示】：固定特写镜头展示的是人物特写，低角度固定镜头拍摄人物上台阶的脚步，从桥边的一侧到桥上来取景，用这个特写镜头让观众更有代入感。

固定特写镜头效果展示如图3-32所示。

图3-32 固定特写镜头效果展示

运镜教学视频画面如图3-33所示。

图3-33 运镜教学视频画面

【运镜拆解】：下面对脚本和分镜头做详细的介绍。

STEP 01 ▶▶ 找到一个合适的机位，镜头低角度拍摄，人物准备上台阶，如图3-34所示。

STEP 02 ▶▶ 镜头位置保持不动，拍摄人物上台阶时脚步的特写，如图3-35所示。

图3-34　镜头低角度拍摄

图3-35　镜头拍摄人物上台阶时脚步的特写

3.2.9　仰拍环绕镜头

扫码看视频

【效果展示】：仰拍环绕镜头是指在仰视角度下进行环绕运镜。该镜头展示的是环境场景，仰拍环绕拍摄高处的枫叶，展示美景。

仰拍环绕镜头效果展示如图3-36所示。

图3-36　仰拍环绕镜头效果展示

运镜教学视频画面如图3-37所示。

图3-37　运镜教学视频画面

【运镜拆解】：下面对脚本和分镜头做详细的介绍。

STEP 01 ▷▷ 镜头仰拍枫叶，准备向右进行环绕运镜，如图3-38所示。

STEP 02 ▷▷ 镜头从左至右环绕运镜，从枫树外围环绕到枫树内围，如图3-39所示。

图3-38　镜头仰拍枫叶　　　　　图3-39　镜头从左至右环绕运镜拍摄

3.2.10　下降镜头

扫码看视频

【效果展示】：下降镜头展示人物祈福的场景，镜头缓慢下降，下降的幅度不用太大，只需将画面焦点从突出人物动作变成聚焦人物面部神态即可。将这一镜头作为结束镜头很有意境。

下降镜头效果展示如图3-40所示。

图3-40　下降镜头效果展示

运镜教学视频画面如图3-41所示。

图3-41　运镜教学视频画面

【运镜拆解】：下面对脚本和分镜头做详细的介绍。

STEP 01 >>> 镜头从侧面拍摄人物的上半身，人物准备做祈福的动作，如图3-42所示。

STEP 02 >>> 人物做祈福动作，镜头缓慢下降，如图3-43所示。在下降幅度不是很大的时候，需要抓住人物最美的一面进行拍摄，这样在聚焦时，画面能依旧很唯美。

图3-42　镜头从侧面拍摄人物的上半身　　　　图3-43　镜头缓慢下降

3.3　后期剪辑：添加滤镜、转场和音乐

美观的视频，除了要拍摄成功外，后期处理也十分重要。为视频添加滤镜是调节画面效果的一种方式，合适的转场效果可以让视频更富有动感，贴合主题的背景音乐也是为视频加分的重点。

扫码看视频

下面介绍在剪映App中添加滤镜、转场和音乐的操作方法。

STEP 01 ▶▶▶ 将拍摄好的分镜头素材按顺序导入剪映App中，❶点击"滤镜"按钮；❷在"影视级"选项卡中，选择"青橙"滤镜；❸点击✔按钮；❹点击┃按钮，如图3-44所示。执行完操作后，即可返回上一级工具栏。

图3-44　点击相应的按钮

STEP 02 ▶▶▶ ❶点击"新增滤镜"按钮；❷在"美食"选项卡中，选择"简餐"滤镜；❸点击✔按钮，叠加滤镜，让视频画面更亮一些；❹调整两个滤镜素材的时长，使两个滤镜素材的时长都与视频的时长一致，如图3-45所示。

图3-45　调整滤镜素材的时长

STEP 03 ▶▶▶ ❶点击[i]按钮；❷在"运镜"选项卡中，选择"拉远"转场效果；❸点击"全局应用"按钮，如图3-46所示，即可将该转场效果应用到所有素材之间。

图3-46　点击"全局应用"按钮

STEP 04 ▶▶▶ 返回一级工具栏，并拖曳时间轴至起始位置，❶点击"关闭原声"按钮；❷依次点击"音频"按钮和"音乐"按钮；❸在"音乐"界面中，选择"国风"选项；❹选择音乐进行试听，确认选择后，点击"使用"按钮，如图3-47所示，即可为视频添加背景音乐。

图3-47　点击"使用"按钮

04

MIRROR OPERATOR

第4章 | 日常记录：
《我的秋日周末》

　　每个季节都有不同的美景，本章的主题是秋日周末出游，因此在视频拍摄和制作中，尽量围绕主题中的关键字来展开，比如，多拍摄具有秋日元素的场景，在后期的剪辑中加入秋日元素，让观众更有带入感，也能表达出主题的重点。除此之外，选择在户外拍摄，可以提供更多的运镜空间，景别上也可以更加多变。

4.1 《我的秋日周末》效果展示

日常记录视频《我的秋日周末》是由多段分镜头片段构成的，既有展现秋日风景的风景镜头，也有人物镜头，人物镜头与空镜头穿插搭配，再加上后期的剪辑制作，让整个视频充满秋日氛围。

在拍摄《我的秋日周末》视频之前，首先来欣赏本案例的视频效果，并了解案例的学习目标、脚本设计、知识讲解和要点讲堂。

4.1.1 效果欣赏

《我的秋日周末》日常记录视频的画面效果如图4-1所示。

图4-1 《我的秋日周末》日常记录视频画面效果

4.1.2　学习目标

知识目标	掌握日常记录视频的拍摄方法
技能目标	（1）掌握左移镜头的拍摄方法 （2）掌握斜线后拉镜头的拍摄方法 （3）掌握慢动作镜头的拍摄方法 （4）掌握环绕上升镜头的拍摄方法 （5）掌握仰拍旋转镜头的拍摄方法 （6）掌握前推上摇镜头的拍摄方法 （7）掌握上升跟随+摇镜头的拍摄方法 （8）掌握在剪映App中为视频调出唯美色调、添加片头的操作方法
本章重点	7个分镜头的拍摄
本章难点	视频的后期处理
视频时长	5分37秒

4.1.3　脚本设计

日常记录视频，可选的拍摄内容非常广泛，可以是在家的一天、工作的一天、游玩的一天等，确定好一个拍摄方向之后就可以进行脚本策划了。本次拍摄使用的工具是手机和手机稳定器。表4-1所示为《我的秋日周末》的短视频脚本。

表4-1　《我的秋日周末》的短视频脚本

镜　号	运　镜	拍摄画面	时　长	实景拍摄
1	左移镜头	拍摄银杏树枝	约7s	
2	斜线后拉镜头	人物行走	约7s	
3	慢动作镜头	人物撒落叶	约3s	
4	环绕上升镜头	人物拿着落叶	约6s	

续表

镜　号	运　镜	拍摄画面	时　长	实景拍摄
5	仰拍旋转镜头	多云的天空	约3s	
6	前推上摇镜头	人物坐在湖边	约6s	
7	上升跟随+摇镜头	拍摄行走的人物及夕阳和天空	约12s	

4.1.4　知识讲解

在进行日常记录视频拍摄时，要根据所选定的具体主题，来确定拍摄的时间、地点等。本章案例《我的秋日周末》，除了展示人物之外，还应该拍摄一些可以体现秋日氛围的元素，这样可以让视频更加符合拍摄主题。

4.1.5　要点讲堂

本章主要讲解7个不同运镜方式的拍摄方法，以及使用剪映App快速进行剪辑的操作方法。具体内容如下所述。

❶ 左移镜头，和前面章节讲过的左摇镜头有些类似，但左移镜头不是固定机位，而是将镜头整体向左侧移动。通过学习左移镜头，相信大家也能举一反三地掌握右移镜头的拍摄，技巧和左移镜头一样，只是拍摄方向相反。

❷ 斜线后拉镜头，是镜头从人物的反侧面进行后拉运镜，可以拍摄到人物的不同角度。斜线前推镜头的拍摄方法和该镜头的拍摄方法一样，只是将后拉运镜变成了前推运镜。

❸ 慢动作镜头，是在"慢动作"模式下拍摄的镜头，拍摄出来的视频可以将人物的动作放慢。使用该镜头拍摄出来的视频别有趣味，且比较唯美。

❹ 环绕上升镜头，是环绕和上升两种运镜方式同时进行，该镜头有较强的动态感。拍摄环绕镜头时要尽量选择比较平坦的地方，才能保证运镜更加稳定。

❺ 仰拍旋转镜头，是镜头在仰拍的角度下，进行环绕拍摄。该运镜方式适合用来拍摄风景镜头。

❻ 前推上摇镜头，是镜头逐渐靠近被摄主体，同时慢慢上摇，改变拍摄角度。

❼ 上升跟随+摇镜头，是指镜头一边上升，一边跟随被摄主体，然后再进行摇摄。

❽ 本章在后期剪辑部分将会讲解如何在剪映App中为视频进行调色和添加片头。

4.2 《我的秋日周末》分镜头拍摄

《我的秋日周末》日常记录的分镜头片段来源于镜头脚本，根据脚本内容拍摄了7段分镜头，下面将对这些分镜头片段进行一一展示。

4.2.1 左移镜头

扫码看视频

【效果展示】：左移镜头是镜头从右向左移动。该镜头展示的是银杏叶，银杏叶是秋天的重要元素，拍摄者以天空为背景，拍摄渐渐变黄的银杏叶，使画面更加唯美简洁。

左移镜头效果展示如图4-2所示。

图4-2　左移镜头效果展示

运镜教学视频画面如图4-3所示。

图4-3　运镜教学视频画面

【运镜拆解】：下面对脚本和分镜头做详细的介绍。

STEP 01 ≫ 镜头仰拍银杏叶，以天空为背景，如图4-4所示。

STEP 02 ≫ 镜头从右至左移动，拍摄秋日晴朗天空下的银杏叶，如图4-5所示。

图4-4　镜头仰拍银杏叶　　　　　图4-5　镜头从右至左移动

4.2.2　斜线后拉镜头

扫码看视频

【效果展示】：斜线后拉镜头是指镜头从人物的反侧面进行后拉拍摄。该镜头展示的是人物，拍摄时，让人物进入画面的全景镜头，并附带说明环境地点。在拍摄全景时，建议尽量避开人群。

斜线后拉镜头效果展示如图4-6所示。

图4-6　斜线后拉镜头效果展示

运镜教学视频画面如图4-7所示。

图4-7　运镜教学视频画面

【运镜拆解】：下面对脚本和分镜头做详细的介绍。

STEP 01 >>> 镜头靠近人物，从背面拍摄人物近景，如图4-8所示。

STEP 02 >>> 人物向前行走，镜头同时从人物的反侧面进行后拉运镜，后拉一段距离拍摄人物全景，并展示环境画面，如图4-9所示。在后拉时，尽量保持人物在画面的中心位置。

图4-8　镜头从背面拍摄人物近景　　　　图4-9　镜头从反侧面向后拉一段距离

4.2.3　慢动作镜头

扫码看视频

【效果展示】：慢动作镜头是在"慢动作"模式下拍摄的镜头，固定镜头机位，拍摄人物抛撒银杏落叶的画面。慢速播放的效果，可以让画面变得比较唯美。

慢动作镜头效果展示如图4-10所示。

图4-10　慢动作镜头效果展示

运镜教学视频画面如图4-11所示。

图4-11　运镜教学视频画面

【运镜拆解】：下面对脚本和分镜头做详细的介绍。

STEP 01 ▶▶ 将稳定器切换至"慢动作"拍摄模式，找到一个合适的机位，微微仰拍人物，如图4-12所示。

STEP 02 ▶▶ 镜头固定不动，人物向上抛撒银杏落叶，动作完成即可停止拍摄，如图4-13所示。

图4-12　镜头微微仰拍人物　　　　　图4-13　人物抛撒银杏落叶

4.2.4　环绕上升镜头

【效果展示】：环绕上升镜头是指以人物为中心，镜头一边环绕一边上升拍摄。该镜头与上一个镜头形成衔接，人物撒完银杏落叶之后，拿着一片落叶观赏。

扫码看视频

环绕上升镜头效果展示如图4-14所示。

图4-14 环绕上升镜头效果展示

运镜教学视频画面如图4-15所示。

图4-15 运镜教学视频画面

【运镜拆解】：下面对脚本和分镜头做详细的介绍。

STEP 01 》》 人物手拿银杏叶观赏，镜头拍摄人物背面，如图4-16所示。

STEP 02 》》 人物不动，镜头慢慢向人物左侧环绕，同时上升拍摄，如图4-17所示。

图4-16 镜头拍摄人物背面　　　　图4-17 镜头向左侧环绕，同时上升

STEP 03 》》 镜头环绕上升至人物的左侧，如图4-18所示。

STEP 04 》》 镜头继续环绕上升，拍摄人物手中的银杏叶，画面焦点逐渐由人转移到景，如图4-19所示。

图4-18　镜头环绕上升至人物的左侧　　　图4-19　镜头拍摄人物手中的银杏叶

4.2.5　仰拍旋转镜头

【效果展示】：仰拍旋转镜头是指镜头在仰拍角度下，进行旋转拍摄。该镜头展示的是环境，仰拍多云的天空，增加画面的丰富度。

仰拍旋转镜头效果展示如图4-20所示。

图4-20　仰拍旋转镜头效果展示

运镜教学视频画面如图4-21所示。

图4-21　运镜教学视频画面

【运镜拆解】：下面对脚本和分镜头做详细的介绍。

STEP 01 ▶▶ 将稳定器切换至"旋转拍摄"模式，镜头仰拍天空，如图4-22所示。

扫码看视频

STEP 02 ≫ 推动稳定器上的摇杆，使镜头旋转一定的角度进行拍摄，如图4-23所示。

图4-22 镜头仰拍天空   图4-23 镜头旋转一定的角度

4.2.6 前推上摇镜头

扫码看视频

【效果展示】：前推上摇镜头是指镜头在前推运镜的同时，进行上摇拍摄。该镜头展示的是人物，拍摄人物坐在湖边，展示出一幅惬意而唯美的画面。

前推上摇镜头效果展示如图4-24所示。

图4-24 前推上摇镜头效果展示

运镜教学视频画面如图4-25所示。

图4-25 运镜教学视频画面

【运镜拆解】：下面对脚本和分镜头做详细的介绍。

STEP 01 ▶▶ 人物坐在湖边，镜头俯拍湖面和人物腿部，慢慢前推并上摇，如图4-26所示。

STEP 02 ▶▶ 镜头慢慢靠近人物，同时上摇镜头，上摇到平拍的角度，拍摄人物的上半身，如图4-27所示。

图4-26　镜头前推并上摇　　　　图4-27　镜头拍摄人物的上半身

4.2.7　上升跟随+摇镜头

扫码看视频

【效果展示】上升跟随+摇镜头是指镜头先跟随人物，并进行上升运镜，结束上升跟随运镜之后，再进行摇摄。该镜头展示的是人物与环境，当太阳快要落下的时候，天空中的云彩非常漂亮，这种风光下拍摄的人物也被衬托得更加随性和灵动。

上升跟随+摇镜头效果展示如图4-28所示。

图4-28　上升跟随+摇镜头效果展示

运镜教学视频画面如图4-29所示。

图4-29　运镜教学视频画面

【运镜拆解】：下面对脚本和分镜头做详细的介绍。

STEP 01 ➤➤ 稍微放低镜头的机位，从背面拍摄人物，如图4-30所示。

STEP 02 ➤➤ 人物向前走，镜头从背后跟随，并慢慢上升，如图4-31所示。

图4-30　镜头从背面拍摄人物　　　　图4-31　镜头跟随人物并上升

STEP 03 ➤➤ 镜头上升跟随人物一段距离，人物停止前行，如图4-32所示。

STEP 04 ➤➤ 镜头停止上升跟随，向左摇摄风景，如图4-33所示。

图4-32　镜头上升跟随一段距离　　　　图4-33　镜头向左摇摄风景

4.3 后期剪辑：调色和添加片头

对原本画面就优美的素材而言，后期剪辑的核心就在于让画面更加优美。为视频进行一定的调色，可以让画面达到更好的效果。另外，为视频添加合适的片头文字，可以更好地明确视频主题。

下面介绍在剪映App中为视频进行调色、添加片头的操作方法。

扫码看视频

STEP 01 >>> 将拍摄好的分镜头素材按顺序导入剪映App中，❶选择第7段素材；❷点击"滤镜"按钮；❸在"基础"选项卡中，选择"清晰"滤镜，提亮细节；❹切换至"调节"选项卡，如图4-34所示，执行操作后，选择HSL选项。

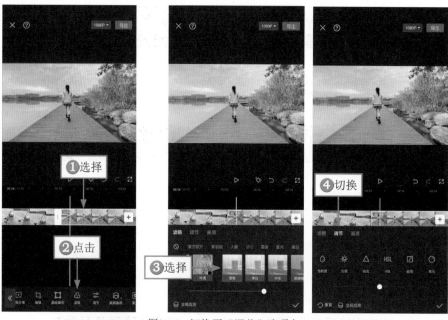

图4-34 切换至"调节"选项卡

STEP 02 >>> ❶选择橙色选项◯；❷设置"色相"参数为-62，"饱和度"参数为21，"亮度"参数为-53，让橙色的夕阳画面更加亮丽；❸选择蓝色选项◯；❹设置"色相"参数为15，"饱和度"参数为59，"亮度"参数为-30，让蓝色的天空画面更加明艳，如图4-35所示。

STEP 03 >>> 返回一级工具栏，❶拖曳时间轴至第7段素材的起始位置；❷依次点击"画中画"按钮和"新增画中画"按钮，如图4-36所示。

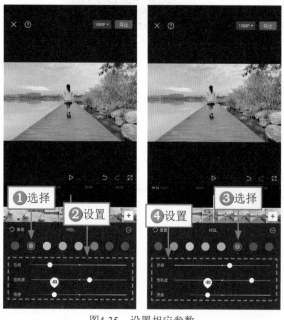

图4-35 设置相应参数

图4-36 点击"新增画中画"按钮

STEP 04 ❶在"视频"选项区中添加第7段素材，执行操作后即可将该素材添加至画中画轨道；❷在预览区域中，调整画中画素材画面的大小，使其与视频轨道中的素材画面完全对齐；❸点击"抠像"按钮；❹点击"智能抠像"按钮，如图4-37所示，将人像抠出来，使人像的色彩不受调色影响。

图4-37 点击"智能抠像"按钮

STEP 05 返回一级工具栏，并拖曳时间轴至起始位置，❶点击"文字"按钮；❷在弹出的二级工具栏中，点击"文字模板"按钮；❸在"旅行"选项卡中，选择一个合适的模板；❹点击 ⒒ 按钮；❺修改相应的文字内容，如图4-38所示，即可为视频成功添加片头文字。

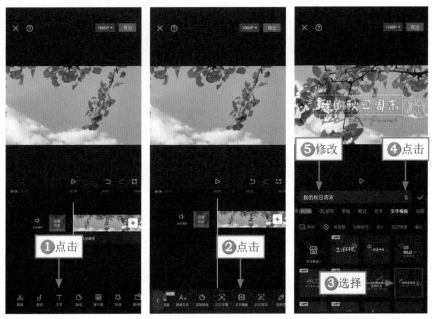

图4-38 修改文字内容

STEP 06 关闭视频素材的原声，最后为视频添加合适的转场和背景音乐，即可导出视频。

05

MIRROR OPERATOR

| 第5章 | 情绪短片：
《独处时光》 |

　　情绪短片是指带有喜、怒、哀、乐等情绪的视频。在情绪短片里，模特可以通过本身的表情和肢体动作传递情绪，拍摄者也可以通过光影、构图、运镜传递情绪。在拍摄时，还可以用长焦镜头，拍摄出各种景别的分镜头画面，丰富视频画面。在前期拍摄完成后，后期可以进行简单的剪辑处理，比如添加特效、字幕和转场等，从而制作出精美的个人情绪短片。

5.1 《独处时光》效果展示

情绪短片《独处时光》中展示的都是人物的镜头，通过不同的拍摄角度、不同的构图方式，来体现人物的情绪。

在拍摄《独处时光》视频之前，首先来欣赏本案例的视频效果，并了解案例的学习目标、脚本设计、知识讲解和要点讲堂。

5.1.1 效果欣赏

《独处时光》情绪短片视频的画面效果如图5-1所示。

图5-1 《独处时光》情绪短片视频画面效果

5.1.2 学习目标

知识目标	掌握情绪短片的拍摄方法
技能目标	（1）掌握跟镜头+斜线后拉镜头的拍摄方法 （2）掌握过肩前推镜头的拍摄方法 （3）掌握低角度移镜头的拍摄方法 （4）掌握前景+升镜头的拍摄方法 （5）掌握前景+俯拍跟随镜头的拍摄方法 （6）掌握在剪映App中为视频添加特效、字幕和转场的操作方法

本章重点	5个分镜头的拍摄
本章难点	视频的后期处理
视频时长	4分16秒

5.1.3 脚本设计

在拍摄时，最好选择天气晴朗的日子，选择背景简洁、风景美丽的拍摄场景也能为视频加分。在运镜拍摄时，需要注意构图，尽量让视频的每一帧画面都完美。本次拍摄使用的工具是手机和手机稳定器。表5-1所示为《独处时光》的短视频脚本。

表5-1　《独处时光》的短视频脚本

镜　　号	运　　镜	拍摄画面	时　　长	实景拍摄
1	跟镜头+斜线后拉镜头	人物扶着围栏行走	约10s	
2	过肩前推镜头	人物看江边风景	约5s	
3	低角度移镜头	人物上台阶	约3s	
4	前景+升镜头	人物坐在台阶上看风景	约6s	
5	前景+俯拍跟随镜头	人物走向江边	约5s	

5.1.4 知识讲解

在拍摄人物的时候，要选择人物上镜的角度进行拍摄。比如，侧脸美，就多拍摄侧面；衣服漂亮，就可以多拍摄一些全景镜头；人物最好不要盯着镜头看，放松表情即可，这样拍摄者就可以捕捉人物最美的那一刻。

5.1.5 要点讲堂

本章主要讲解5个不同运镜方式的拍摄方法，以及使用剪映App快速进行剪辑的操作方法。具体内容如下所述。

❶ 跟镜头+斜线后拉镜头，是两个不同的运镜方式（跟镜头和斜线后拉镜头）的组合，在拍摄的时候要找到既能将人物拍好看，又便于运镜的角度。

❷ 过肩前推镜头，是指镜头要前推越过人物的肩膀。过肩镜头是一种具有亲和力的镜头，在传递情绪的时候，用这种镜头，会让观众有带入感。

❸ 低角度移镜头，是将机位放低，在较低的角度下进行横移运镜。不同于水平线角度，低角度镜头会充满视觉冲击力。

❹ 前景+升镜头和前景+俯拍跟随镜头，都是利用一定的物品或风景来进行前景构图，在此基础上进行相应的运镜，可以让视频画面更有意境。

❺ 本章的后期剪辑将会讲解为视频添加特效、字幕和转场的方法，可以让视频更有质感。

5.2 《独处时光》分镜头拍摄

《独处时光》情绪短片的分镜头片段来源于镜头脚本，根据脚本内容拍摄了5段分镜头，下面将对这些分镜头片段一一进行展示。

5.2.1 跟镜头+斜线后拉镜头

【效果展示】：镜头在人物的前方跟随人物，在跟随的过程中从人物的斜侧面进行后拉拍摄，全面地展示人物和人物所处的环境。

跟镜头+斜线后拉镜头效果展示如图5-2所示。

图5-2 跟镜头+斜线后拉镜头效果展示

运镜教学视频画面如图5-3所示。

图5-3　运镜教学视频画面

【运镜拆解】：下面对脚本和分镜头做详细的介绍。

STEP 01 ≫　镜头在人物的前方，从斜侧面拍摄，如图5-4所示。

STEP 02 ≫　在人物前行的时候，从斜侧面进行后拉拍摄，如图5-5所示。

图5-4　镜头从人物的斜侧面拍摄　　　　图5-5　从斜侧面进行后拉拍摄

5.2.2　过肩前推镜头

扫码看视频

【效果展示】：过肩镜头，又叫拉背镜头，是指隔着一个肩膀取景的镜头。过肩前推镜头则是越过肩膀，向前推近。这种镜头不仅可以突出主体，还能使画面有深度。

过肩前推镜头效果展示如图5-6所示。

图5-6　过肩前推镜头效果展示

运镜教学视频画面如图5-7所示。

图5-7　运镜教学视频画面

【运镜拆解】：下面对脚本和分镜头做详细的介绍。

STEP 01 ≫ 镜头从人物的背面进行拍摄，如图5-8所示。

STEP 02 ≫ 镜头慢慢前推，越过人物的肩膀，拍摄人物正面远处的风景，如图5-9所示。

图5-8　镜头从背面拍摄人物　　　图5-9　镜头前推越过肩膀

5.2.3　低角度移镜头

扫码看视频

【效果展示】：低角度镜头是把镜头放在低位进行拍摄。在人物上台阶的时候，可以用低角度移镜头拍摄人物膝盖以下的部分。

低角度移镜头效果展示如图5-10所示。

图5-10　低角度移镜头效果展示

运镜教学视频画面如图5-11所示。

图5-11　运镜教学视频画面

【运镜拆解】：下面对脚本和分镜头做详细的介绍。

STEP 01 ▶▶▶ 在人物上台阶时，镜头低角度拍摄人物膝盖以下的部分，如图5-12所示。

STEP 02 ▶▶▶ 镜头跟随人物上台阶的脚步，直到移至前景遮挡的位置，如图5-13所示。

图5-12　镜头低角度拍摄人物　　　　图5-13　镜头移动跟随至相应的位置

5.2.4　前景+升镜头

【效果展示】：利用前景做遮挡，然后用升镜头拍摄人物，慢慢拉开帷幕，展示人物主体的全貌。

前景+升镜头效果展示如图5-14所示。

扫码看视频

图5-14　前景+升镜头效果展示

运镜教学视频画面如图5-15所示。

图5-15　运镜教学视频画面

【运镜拆解】：下面对脚本和分镜头做详细的介绍。

STEP 01 ▶▶▶ 人物坐在台阶上，镜头找好前景做遮挡，如图5-16所示。

STEP 02 ▶▶▶ 镜头慢慢上升，人物渐渐露出真容，焦点聚集在人物身上，如图5-17所示。

图5-16　镜头找好前景　　　　　　图5-17　镜头慢慢上升拍摄人物

5.2.5　前景+俯拍跟随镜头

【效果展示】：利用围栏做前景，镜头在高处俯拍人物，在人物前行的时候，跟随拍摄，展示不一样的视角画面。

扫码看视频

前景+俯拍跟随镜头效果展示如图5-18所示。

图5-18　前景+俯拍跟随镜头效果展示

运镜教学视频画面如图5-19所示。

图5-19　运镜教学视频画面

【运镜拆解】：下面对脚本和分镜头做详细的介绍。

STEP 01 ➤➤➤ 以栏杆为前景，镜头在高处俯拍低处的人物，如图5-20所示。

STEP 02 ➤➤➤ 在人物前行的时候，镜头跟随人物拍摄，如图5-21所示。

图5-20　镜头俯拍人物　　　　　　　　图5-21　镜头跟随人物

5.3 后期剪辑：添加特效、字幕和转场

本章的视频主题是情绪短片，为视频素材添加具有电影感的特效，可以让视频更有质感；利用"识别歌词"的功能，可以快速为视频添加字幕；添加合适的转场后即可完成制作。

扫码看视频

下面介绍在剪映App中为视频添加特效、字幕和转场的操作方法。

STEP 01 >>> 将拍摄好的分镜头素材按顺序导入剪映App中，❶点击"特效"按钮；❷在弹出的二级工具栏中，点击"画面特效"按钮；❸在"电影"选项卡中，选择"重庆大厦"特效，如图5-22所示，即可为视频添加该画面特效。

图5-22 选择"重庆大厦"特效

STEP 02 >>> ❶点击"调整参数"按钮；❷依次设置"滤镜"参数为50，"拖影"参数为15，将滤镜和拖影程度稍稍减弱一点，如图5-23所示。

STEP 03 >>> 调整特效素材的时长，如图5-24所示，使其结束位置和视频素材的结束位置对齐，将特效效果应用于所有素材。

STEP 04 >>> 返回一级工具栏，并拖曳时间轴至视频的起始位置，❶点击"关闭原声"按钮；❷依次点击"音频"按钮和"音乐"按钮；❸在"音乐"界面中，选择"伤感"选项；❹选择一个合适的音乐，点击其右侧的"使用"按钮，如图5-25所示，即可为视频添加背景音乐。

图5-23　设置相应参数

图5-24　调整特效素材的时长

图5-25　点击"使用"按钮

STEP 05 ≫ 返回一级工具栏，❶点击"文字"按钮；❷点击"识别歌词"按钮；❸点击"开始匹配"按钮，如图5-26所示，稍等片刻即可生成相对应的字幕。

图5-26　点击"开始匹配"按钮

STEP 06 ▶▶▶ ❶点击"批量编辑"按钮；❷点击"选择"按钮；❸点击"全选"按钮，如图5-27所示，即可选中生成的所有文字素材，进行统一的编辑。

图5-27　点击"全选"按钮

STEP 07 ▶▶▶ ❶点击"编辑样式"按钮；❷切换至"字体"选项卡；❸在"可爱"选项卡中，选择一个合适的字体；❹切换至"花字"选项卡；❺在"黑白"选项卡中，选择一个合适的花字效果，即可为所有字幕设

置相应的字体和花字；❻在预览区域中，调整字幕在画面中的位置，如图5-28所示。执行操作后，所有的文字
素材都会统一调整好。

图5-28　调整字幕在画面中的位置

STEP 08 ▶▶▶ 返回一级工具栏，❶点击Ⅰ按钮；❷在"分割"选项卡中，选择"分割Ⅲ"转场效果；❸点
击"全局应用"按钮，如图5-29所示。至此，整个视频制作完成。

图5-29　点击"全局应用"按钮

06

MIRROR OPERATOR

第6章 | 公园游记：
《惬意的清晨时光》

公园里的一些有特色的建筑、植被不仅可以作为拍摄背景，还能为视频增添趣味。在拍摄休闲类记录视频的时候，出镜人物也可以穿得休闲一些，给人慵懒、闲适的感觉。

6.1 《惬意的清晨时光》效果展示

　　公园游记《惬意的清晨时光》中大部分展示的是人物的镜头，通过不同的镜头展示人物的不同行为动作。

　　在拍摄《惬意的清晨时光》视频之前，首先来欣赏本案例的视频效果，并了解案例的学习目标、脚本设计、知识讲解和要点讲堂。

6.1.1　效果欣赏

　　《惬意的清晨时光》公园游记视频的画面效果如图6-1所示。

图6-1　《惬意的清晨阳光》公园游记视频画面效果

6.1.2　学习目标

知识目标	掌握公园游记的拍摄方法
技能目标	（1）掌握仰拍前推镜头的拍摄方法 （2）掌握俯拍前推镜头的拍摄方法 （3）掌握后拉镜头的拍摄方法 （4）掌握低角度跟随镜头的拍摄方法 （5）掌握侧面跟随镜头的拍摄方法 （6）掌握左摇下降镜头的拍摄方法 （7）掌握在剪映App中为视频调色和添加片头的操作方法

本章重点	6个分镜头的拍摄
本章难点	视频的后期处理
视频时长	3分51秒

6.1.3 脚本设计

《惬意的清晨时光》视频需要在室外进行拍摄，因此尽量选择一个天气晴朗的清晨进行拍摄。对于地点的选择，尽量选择人流量较少，且绿化较好的公园，以保证拍摄画面的简洁和优美。本次拍摄使用的工具是手机和手机稳定器。表6-1所示为《惬意的清晨时光》的短视频脚本。

表6-1 《惬意的清晨时光》的短视频脚本

镜 号	运 镜	拍摄画面	时 长	实景拍摄
1	仰拍前推镜头	拍摄树叶	约3s	
2	俯拍前推镜头	高角度俯拍人物	约2s	
3	后拉镜头	人物坐着的背面	约6s	
4	低角度跟随镜头	人物在草地上行走	约3s	
5	侧面跟随镜头	人物在草地上行走	约2s	
6	左摇下降镜头	人物在远处看风景	约4s	

6.1.4　知识讲解

认识拍摄角度可以为我们的拍摄实战打好理论基础。对于镜头角度，我们可以从垂直面变化和水平面变化两个层面将拍摄角度分为两大类。

从垂直面变化上划分，可将拍摄角度分为平拍角度、俯视角度和仰视角度三类。

从水平面变化上划分，可将拍摄角度分为正面角度、侧面角度和背面角度三类。

无论选择哪种拍摄角度，都应根据被摄对象和拍摄主题进行展开。在拍摄时，还要考虑光线、场景与构图之间的关系，变化相应的角度，让画面更加完美。

6.1.5　要点讲堂

本章主要讲解6个不同运镜方式的拍摄方法，以及使用剪映App快速进行剪辑的操作方法。具体内容如下所述。

❶ 仰拍前推镜头和俯拍前推镜头，都是前推镜头，只是拍摄的角度不一样。左摇下降镜头是另一个在俯视角度下拍摄的镜头。在杂乱的环境背景中拍摄某一对象时，用仰视角度进行拍摄，可以让画面背景变得简洁，更好地突出主体。俯视角度需要拍摄者在比较高的位置进行拍摄。俯视角度下拍摄的画面比较宽广，不仅能尽量展现被摄对象的立体感，还可以用来展现被摄对象周围的环境。

❷ 后拉镜头和侧面跟随镜头，是平拍角度下拍摄的两个镜头。平拍角度是用得最多的拍摄角度，它从水平面进行平行拍摄，画面效果符合人眼的视觉习惯，可以使被摄对象看起来比较亲切和自然，也可以让主体看起来比较匀称。

❸ 低角度跟随镜头，是一个展示局部细节的镜头。低角度镜头也叫贴地镜头，会给人带来不一样的视觉冲击。

❹ 本章的后期剪辑会为大家讲解为视频调色、添加片头的操作方法，让视频效果更好。

6.2　《惬意的清晨时光》分镜头拍摄

《惬意的清晨时光》公园游记视频的分镜头片段来源于镜头脚本，根据脚本内容拍摄了6段分镜头，下面将对这些分镜头片段一一进行展示。

6.2.1　仰拍前推镜头

扫码看视频

【效果展示】：仰拍前推镜头是镜头仰拍树叶，在仰拍的角度下前推拍摄。该镜头展示的是环境场景，用树叶画面做开场镜头。在拍摄树叶的时候，需要镜头逆光仰拍，让光透过树叶，这样画面会非常透亮。

仰拍前推镜头效果展示如图6-2所示。

图6-2 仰拍前推镜头效果展示

运镜教学视频画面如图6-3所示。

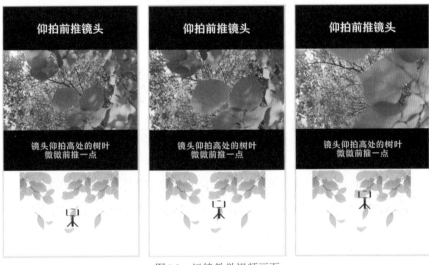

图6-3 运镜教学视频画面

【运镜拆解】：下面对脚本和分镜头做详细的介绍。

STEP 01 ≫ 找到一个逆光的位置，镜头仰拍高处的树叶，如图6-4所示。

STEP 02 ≫ 镜头微微前推一点，向树叶靠近一点，如图6-5所示。

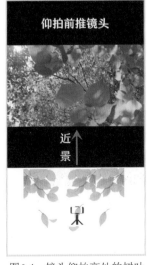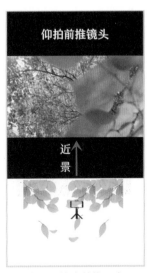

图6-4 镜头仰拍高处的树叶　　　　　　　图6-5 镜头前推一点

6.2.2 俯拍前推镜头

【效果展示】：俯拍前推镜头和上一个镜头是角度相反的前推镜头。该镜头展示的是人物画面，用叶子做前景，俯拍人物，揭示人物出场，叶子元素也与上一个镜头画面无缝衔接。

俯拍前推镜头效果展示如图6-6所示。

图6-6　俯拍前推镜头效果展示

运镜教学视频画面如图6-7所示。

图6-7　运镜教学视频画面

【运镜拆解】：下面对脚本和分镜头做详细的介绍。

STEP 01 ▶▶ 以树叶为前景，镜头从高处俯拍人物，如图6-8所示。

STEP 02 ▶▶ 镜头微微前推，让画面焦点完全聚集在人物身上，如图6-9所示。

图6-8　镜头俯拍人物　　　　　　图6-9　镜头微微前推

82

6.2.3 后拉镜头

扫码看视频

【效果展示】：后拉镜头是镜头从靠近人物处后拉，逐渐远离人物。在拍摄时，让人物坐在阳光可以照射到的地方，这样画面光线会有层次感。

后拉镜头效果展示如图6-10所示。

图6-10 后拉镜头效果展示

运镜教学视频画面如图6-11所示。

图6-11 运镜教学视频画面

【运镜拆解】：下面对脚本和分镜头做详细的介绍。

STEP 01 ▶▶ 人物坐在凉亭中，镜头从人物背面拍摄，并贴近其手臂的位置，如图6-12所示。

STEP 02 ▶▶ 镜头后拉一段距离，远离人物，画面中的环境内容也渐渐变多，如图6-13所示。

图6-12 镜头拍摄人物背面　　　　　　图6-13 镜头后拉一段距离

扫码看视频

6.2.4　低角度跟随镜头

【效果展示】：低角度跟随镜头是将镜头角度降低，跟随人物脚步拍摄。该镜头的拍摄地点换到了草地，展示的是人物行走的画面。

低角度跟随镜头效果展示如图6-14所示。

图6-14　低角度跟随镜头效果展示

运镜教学视频画面如图6-15所示。

图6-15　运镜教学视频画面

【运镜拆解】：下面对脚本和分镜头做详细的介绍。

STEP 01 ▶▶ 人物在草地上行走，镜头降低拍摄角度，拍摄人物的脚部，如图6-16所示。

STEP 02 ▶▶ 人物向前行走，镜头跟随人物前行，如图6-17所示。

图6-16　镜头拍摄人物的脚部　　　　　图6-17　镜头跟随人物前行

6.2.5 侧面跟随镜头

【效果展示】：侧面跟随镜头就是从人物的侧面跟随人物前行。该分镜头与上一段低角度跟随画面是同一组镜头，两者是在不同角度下拍摄人物的同一个动作。

侧面跟随镜头效果展示如图6-18所示。

图6-18 侧面跟随镜头效果展示

运镜教学视频画面如图6-19所示。

图6-19 运镜教学视频画面

【运镜拆解】：下面对脚本和分镜头做详细的介绍。

STEP 01 ▶▶ 镜头从侧面拍摄人物全景，如图6-20所示。

STEP 02 ▶▶ 人物向前行走，镜头从侧面跟随人物，如图6-21所示。

图6-20 镜头从侧面拍摄人物全景　　　　图6-21 镜头从侧面跟随人物

6.2.6　左摇下降镜头

【效果展示】：左摇下降镜头是指镜头在向左摇摄的同时，进行下降运镜。该镜头展示的是人物，同时也是结束镜头，用远景作为结束可以给人意犹未尽之感。

左摇下降镜头效果展示如图6-22所示。

图6-22　左摇下降镜头效果展示

运镜教学视频画面如图6-23所示。

图6-23　运镜教学视频画面

【运镜拆解】：下面对脚本和分镜头做详细的介绍。

STEP 01 ≫ 人物站在远处看风景，镜头拍摄高处的树叶，如图6-24所示。

STEP 02 ≫ 镜头慢慢向左摇摄，同时下降，拍摄远处的人物，如图6-25所示。

图6-24　镜头拍摄高处的树叶　　　　图6-25　镜头左摇下降拍摄人物

6.3 后期剪辑：为视频调色、添加片头

本章的视频主题是公园游记，所拍摄的分镜头中绿色元素较多，给人一种清新、有生机和文艺的感觉。因此，后期剪辑要更加突出清新、文艺之感。

下面介绍在剪映App中为视频调色、添加片头的操作方法。

STEP 01 >>> 将拍摄好的分镜头素材按顺序导入剪映App中，❶点击"滤镜"按钮；❷在"风景"选项卡中选择"绿妍"滤镜；❸调整滤镜的应用程度为70，为视频添加该滤镜；❹切换至"调节"选项卡，如图6-26所示。

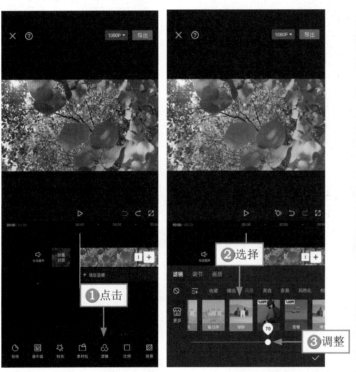

图6-26 切换至"调节"选项卡

STEP 02 >>> ❶设置"光感"参数为10，适当提高一点画面亮度；❷选择HSL选项；❸选择绿色选项◯；❹设置"饱和度"参数为20，"亮度"参数为30，如图6-27所示。调整之后，可以让画面中的绿色变得更好看一点。

STEP 03 >>> 调整滤镜素材的时长，如图6-28所示，使其结束位置和视频素材结束位置对齐，将滤镜效果应用到所有素材。

STEP 04 >>> 返回一级工具栏，并拖曳时间轴至视频起始位置，❶依次点击"文字"按钮和"文字模板"按钮；❷在"片头标题"选项卡中，选择一个合适的模板；❸点击✔按钮；❹调整文字素材的时长，使其持续时长为2s，如图6-29所示，即可成功添加片头。

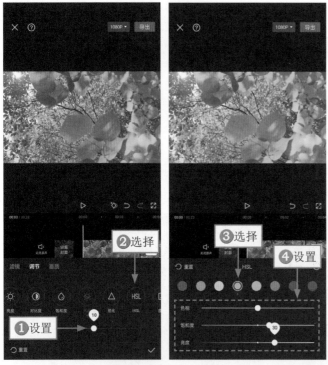

图6-27　设置相应参数　　　　　　　　　　　图6-28　调整滤镜素材的时长

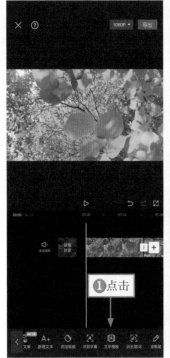

图6-29　调整文字素材的时长

STEP 05 ▶▶▶ 返回一级工具栏，并拖曳时间轴至视频起始位置，❶点击"特效"按钮；❷在弹出的二级工具栏中，点击"画面特效"按钮；❸在Bling选项卡中，选择"温柔细闪"特效，如图6-30所示。

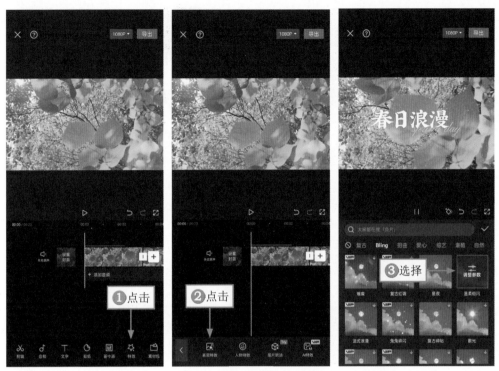

图6-30　选择"温柔细闪"特效

STEP 06 ➤➤ 最后关闭视频素材原声，再添加一段合适的背景音乐和转场效果，即可导出视频。

07

MIRROR OPERATOR

第7章 | 古街拍摄：
《洋湖美影》

　　本章的主题是古街拍摄，在拍摄之前需要提前做好攻略，了解古街哪个时间段的风景最美，选择最美的那一刻进行拍摄，比如本章就选择最美的倒影时刻进行拍摄。在拍摄时，需要注重人物、风景的统一与和谐，让人物镜头与风景镜头相得益彰，互相映衬。再美的风景，也离不开剪辑，经过处理后的视频才会更加精美，本章也会介绍相应的后期处理技巧。

7.1 《洋湖美影》效果展示

古街拍摄视频《洋湖美影》中既有人物镜头，也有展示古街特色的风景镜头。该视频的拍摄重点在于要呈现人物和环境的最美状态，达到引人入胜的效果。

在拍摄《洋湖美影》视频之前，首先来欣赏本案例的视频效果，并了解案例的学习目标、脚本设计、知识讲解和要点讲堂。

7.1.1 效果欣赏

《洋湖美影》古街拍摄的画面效果如图7-1所示。

图7-1 《洋湖美影》古街拍摄的画面效果

7.1.2 学习目标

知识目标	掌握古街视频的拍摄方法
技能目标	（1）掌握下降+前推镜头的拍摄方法 （2）掌握过肩后拉镜头的拍摄方法 （3）掌握向右环绕镜头的拍摄方法 （4）掌握向左环绕镜头的拍摄方法 （5）掌握后拉左摇镜头的拍摄方法 （6）掌握仰拍跟摇镜头的拍摄方法 （7）掌握在剪映App中为视频设置变速和动画的操作方法

本章重点	6个分镜头的拍摄
本章难点	视频的后期处理
视频时长	3分26秒

7.1.3　脚本设计

在拍摄《洋湖美影》视频之前，要选择一个合适的古街或者古镇，根据拍摄地点的特色，为出境人物搭配好相应的服装。对于地点的选择，既要有古风古韵，又要避免游客过多。本次拍摄使用的工具是手机和手机稳定器。表7-1所示为《洋湖美影》的短视频脚本。

表7-1　《洋湖美影》的短视频脚本

镜　号	运　镜	拍摄画面	时　长	实景拍摄
1	下降+前推镜头	古街美景	约3s	
2	过肩后拉镜头	建筑景色与人	约3s	
3	向右环绕镜头	古街上的灯笼	约2s	
4	向左环绕镜头	茶馆牌匾	约3s	
5	后拉左摇镜头	人物在水边举伞	约4s	
6	仰拍跟摇镜头	人物举伞上桥的背影	约3s	

7.1.4　知识讲解

现在很多城市都有一些区别于现代都市风光的、古色古香的古街或是小镇，这些地方也常常能吸引人们前去游玩、拍照打卡。在古街视频的拍摄中，有以下两点要特别注意。

首先，是出镜人物的服装。既然是在古街拍摄，那么人物的服装最好是带有一定的古风特色的衣服，这样和拍摄地点的融合度更高，拍出来的短视频画面也会更有韵味。其次，要根据古街特色，规划好拍摄画面。我们不仅要拍摄人物，而且也要尽可能地将古街特色展示出来，可以是大场面的风景，也可以是一些局部细节。

7.1.5　要点讲堂

本章主要讲解6个不同运镜方式的拍摄方法，以及使用剪映App快速进行剪辑的操作方法。具体内容如下所述。

❶ 下降+前推镜头，是镜头先下降，再向前推。在拍摄该镜头时可以选择一个前景进行遮挡，再逐渐将风景或者人物展示出来。运镜的幅度不用太大，但在拍摄的过程中一定要保持稳定。

❷ 过肩后拉镜头，和前文学过的过肩前推镜头的运镜方向是相反的，但都需要在运镜的过程中越过人物的肩膀。在拍摄该镜头时，一定要多尝试几次，找到一个最合适的过肩角度。如果需要人物做动作，也要拍摄者和人物多尝试几次，形成一定的默契，好的配合才能让最终呈现的效果更好。

❸ 向右环绕和向左环绕都是半环绕镜头，只是运镜的方向是相反的。半环绕镜头就是环绕角度为180°左右的环绕运镜，环绕360°的运镜是全环绕运镜。

❹ 后拉左摇镜头，就是镜头同时进行后拉和左摇拍摄。

❺ 仰拍跟摇镜头，是在仰拍角度下，跟随人物的运动轨迹进行摇摄。

❻ 本章的后期剪辑将为大家讲解为视频设置变速和动画的操作方法，让视频效果更好。

7.2　《洋湖美影》分镜头拍摄

《洋湖美影》古街视频的分镜头片段来源于镜头脚本，根据脚本内容拍摄了6段分镜头，下面将对这些分镜头片段一一进行展示。

7.2.1　下降+前推镜头

【效果展示】：下降+前推镜头，即镜头先下降，再向前推近，拍摄风景。第1个镜头展示的是环境场景，用围栏做遮挡，慢慢展现环境的全貌，交代故事发生的地点。

下降+前推镜头效果展示如图7-2所示。

扫码看视频

图7-2　下降+前推镜头效果展示

运镜教学视频画面如图7-3所示。

图7-3　运镜教学视频画面

【运镜拆解】：下面对脚本和分镜头做详细的介绍。

STEP 01 ≫ 以围栏为前景，起始画面一半是围栏，一半是虚化的风景，镜头准备下降，如图7-4所示。

STEP 02 ≫ 镜头下降一点，下降至围栏下面的位置，开始慢慢前推，如图7-5所示。

STEP 03 ≫ 镜头前推一段距离，越过围栏，展示远处的风景，如图7-6所示。

图7-4　镜头准备下降　　　图7-5　镜头下降一点　　　图7-6　镜头前推一段距离

7.2.2 过肩后拉镜头

【效果展示】：过肩后拉镜头，是指镜头在后拉过程中，越过人物的肩膀，逐渐展示人物。该镜头展示的是人物画面，画面焦点由景转换到人。用过肩后拉镜头拍摄，画面流畅又自然，这也是一个让人物出场的过渡画面。

过肩后拉镜头效果展示如图7-7所示。

图7-7 过肩后拉镜头效果展示

运镜教学视频画面如图7-8所示。

图7-8 运镜教学视频画面

【运镜拆解】：下面对脚本和分镜头做详细的介绍。

STEP 01 ▶▶ 镜头拍摄人物背后的风景，然后慢慢后拉，如图7-9所示。

STEP 02 ▶▶ 镜头后拉越过人物肩膀，揭示人物出场，同时展示人物和风景，如图7-10所示。

图7-9 镜头慢慢后拉　　　　图7-10 镜头越过人物肩膀

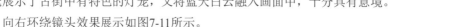

7.2.3　向右环绕镜头

【效果展示】：向右环绕镜头是镜头以被摄对象为中心，从左至右环绕拍摄。该镜头既展示了古街中有特色的灯笼，又将蓝天白云融入画面中，十分具有意境。

向右环绕镜头效果展示如图7-11所示。

图7-11　向右环绕镜头效果展示

运镜教学视频画面如图7-12所示。

图7-12　运镜教学视频画面

【运镜拆解】：下面对脚本和分镜头做详细的介绍。

STEP 01》》以蓝天白云为背景，镜头仰拍高处的灯笼，如图7-13所示。

STEP 02》》镜头向右环绕，幅度可以稍微大一点，让变化更加明显，如图7-14所示。

图7-13　镜头仰拍高处的灯笼　　　　图7-14　镜头向右环绕

扫码看视频

7.2.4 向左环绕镜头

【效果展示】：向左环绕镜头，和前一个镜头的拍摄方法相同，只是运镜方向相反。该镜头展示的是特色牌匾。拍摄特色建筑时，可以拍摄其局部，加深观众的记忆点。

向左环绕镜头效果展示如图7-15所示。

图7-15 向左环绕镜头效果展示

运镜教学视频画面如图7-16所示。

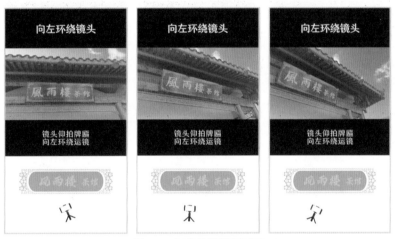

图7-16 运镜教学视频画面

【运镜拆解】：下面对脚本和分镜头做详细的介绍。

STEP 01 >> 镜头仰拍牌匾，如图7-17所示。

STEP 02 >> 镜头向左环绕，环绕至牌匾侧面，展示不同角度的局部画面，如图7-18所示。

图7-17 镜头仰拍牌匾　　　　　图7-18 镜头环绕至左侧

7.2.5 后拉左摇镜头

【效果展示】：后拉左摇镜头是镜头一边向后拉，一边向左摇摄。该镜头展示的是人物把伞转过来后，又把伞转过去并举高。

后拉左摇镜头效果展示如图7-19所示。

图7-19 后拉左摇镜头效果展示

运镜教学视频画面如图7-20所示。

图7-20 运镜教学视频画面

【运镜拆解】：下面对脚本和分镜头做详细的介绍。

STEP 01 镜头拍摄被伞遮挡的人物，并准备向后拉，如图7-21所示。

STEP 02 人物转身，镜头后拉一段距离，同时向左摇摄，展示人物及风景，如图7-22所示。

图7-21 镜头拍摄被伞遮挡的人物　　图7-22 镜头后拉左摇一段距离

扫码看视频

7.2.6 仰拍跟摇镜头

【效果展示】：仰拍跟摇镜头是指镜头从背面仰拍主体人物，并追随人物的移动轨迹进行摇摄。该镜头展示的是人物上桥，在人物举伞上桥时，拍摄者从桥下仰拍，以天空为背景，进行逆光拍摄，剪影构图并留白。

仰拍跟摇镜头效果展示如图7-23所示。

图7-23 仰拍跟摇镜头效果展示

运镜教学视频画面如图7-24所示。

图7-24 运镜教学视频画面

【运镜拆解】：下面对脚本和分镜头做详细的介绍。

STEP 01 ▶▶▶ 镜头位置固定，从背面仰拍人物，如图7-25所示。

STEP 02 ▶▶▶ 人物向前行走，镜头跟随人物的移动轨迹进行摇摄，如图7-26所示。

图7-25 镜头从背面仰拍人物　　　图7-26 镜头跟随人物进行摇摄

7.3 后期剪辑：设置变速和动画

扫码看视频

为了让分镜头片段组合成一段精美的视频，可以对视频进行曲线变速处理，并设置动画效果，让视频画面更具吸引力。

下面介绍在剪映App中为视频设置变速、动画效果的操作方法。

STEP 01 ▶▶▶ 将拍摄好的分镜头素材按顺序导入剪映App中，❶选择第3段素材；❷点击"变速"按钮；❸在弹出的面板中，点击"曲线变速"按钮；❹选择"蒙太奇"变速效果，如图7-27所示，即可为素材设置"蒙太奇"变速效果。

图7-27 选择"蒙太奇"变速效果

STEP 02 ▶▶▶ ❶点击"点击编辑"按钮；❷选中"智能补帧"复选框；❸点击 ✓ 按钮；❹弹出相应的提示框，等待补帧完成即可，如图7-28所示，即可生成顺滑的慢动作。

STEP 03 ▶▶▶ 用同样的方法，为第4段素材设置"蒙太奇"变速效果。

STEP 04 ▶▶▶ 返回一级工具栏，❶选择第1段素材；❷点击"动画"按钮；❸在"入场动画"选项卡中，选择"渐显"动画效果；❹拖曳蓝色滑块，设置动画时长为0.8s；❺选择第2段素材；❻在"组合动画"选项卡中，选择"四格转动"动画效果；❼拖曳第2个黄色滑块，设置动画时长为2.0s，如图7-29所示。

 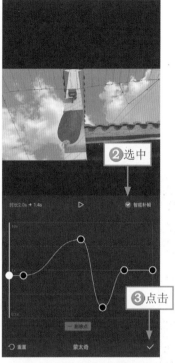 

图7-28 弹出相应的提示框

图7-29 拖曳黄色滑块

STEP 05 ⟩⟩ 用同样的方法，为第6段素材设置"斜切"出场动画。

STEP 06 ⟩⟩ 将视频素材原声关闭，为视频添加一个合适的片头和背景音乐，即可导出视频。

08

MIRROR OPERATOR

第8章 | 人物街拍：
《酷炫街头》

对于人物街拍视频来说，时尚感和动感是街拍运镜所追求的要素。在拍摄上，可以选择多种运镜组合方式；在场景上，可以选择干净整洁有特色的街道进行取景；在人物方面，可以让人物穿着潮酷一些的服装，还可以佩戴一些配饰，如墨镜、包包、围巾等，提升人物时尚感。

8.1 《酷炫街头》效果展示

　　人物街拍视频《酷炫街头》中都是人物镜头，但视频在展示人物的同时，也将街景特色一并展现了出来。

　　在拍摄《酷炫街头》视频之前，首先来欣赏本案例的视频效果，并了解案例的学习目标、脚本设计、知识讲解和要点讲堂。

8.1.1 效果欣赏

　　《酷炫街头》人物街拍视频的画面效果如图8-1所示。

图8-1 《酷炫街头》人物街拍视频的画面效果

8.1.2 学习目标

知识目标	掌握人物街拍视频的拍摄方法
技能目标	（1）掌握下摇+跟随镜头的拍摄方法 （2）掌握横移半环绕镜头的拍摄方法 （3）掌握低角度仰拍跟随镜头的拍摄方法 （4）掌握上升跟随环绕镜头的拍摄方法 （5）掌握推镜头+跟镜头的拍摄方法 （6）掌握倾斜前推后拉镜头的拍摄方法 （7）掌握在剪映App中为视频设置变速、动画效果、抖音玩法的操作方法

本章重点	6个分镜头的拍摄
本章难点	视频的后期剪辑
视频时长	4分27秒

8.1.3 脚本设计

一般而言，大街上的人会比较多，因此选定拍摄地点后，一定要选择人流量较少的时间段进行拍摄，避开人群可以让画面更加简洁美观。本次拍摄使用的工具是手机和手机稳定器。表8-1所示为《酷炫街头》的短视频脚本。

表8-1　《酷炫街头》的短视频脚本

镜　号	运　镜	拍摄画面	时　长	实景拍摄
1	下摇+跟随镜头	揭示人物出场	约5s	
2	横移半环绕镜头	人物在街边行走	约5s	
3	低角度仰拍跟随镜头	人物在街上行走	约6s	
4	上升跟随环绕镜头	人物行走	约5s	
5	推镜头+跟镜头	人物走进一个新场景	约13s	
6	倾斜前推后拉镜头	人物站在涂鸦墙前	约5s	

8.1.4 知识讲解

街拍，顾名思义，就是街头拍摄。很多地方都可以进行街拍，但要想拍摄出好的效果，要尽量选择有特色的街景，可以根据选定的拍摄风格来选择合适的拍摄街头。城市中，有很多特点鲜明的街头，大家在平时生活中可以多留心，以便在拍摄时快速找到合适的地点。

人物的服装在街拍中，同样很重要。可以根据自己的拍摄风格来选定服装类型，既要适合街拍，也要适合人物本身。此外，在拍摄时还可以准备一些配饰、道具等来辅助拍摄，让画面更加丰富。

8.1.5 要点讲堂

本章主要讲解6个不同运镜方式的拍摄方法，以及使用剪映App快速进行剪辑的操作方法。具体内容如下所述。

❶ 下摇+跟随镜头，是镜头先下摇拍摄人物，使其出现在画面中，再跟随人物前行。在拍摄揭示人物出场，或者是拍摄由景转换到人物的画面时，都可以尝试用摇镜头加上另外一种运镜方式来拍摄。

❷ 横移半环绕镜头，是指镜头在横移之后，以人物为中心，进行半环绕运镜。这样的运镜方式，可以多方位展示人物，以及其所处环境。

❸ 低角度仰拍跟随镜头，是指将镜头角度放低，并仰拍人物，同时跟随人物前行。和平拍角度相比，低角度仰拍人物，可以在视觉上拉长人物腿长，让人物看起来更加高大。

❹ 上升跟随环绕镜头，是指镜头从低角度开始拍摄，在跟随人物运动的同时，一边上升，一边环绕人物。与前一个镜头相比，该镜头始终是保持平拍视角，人物逐渐被展示出来。

❺ 推镜头+跟镜头，两个镜头是先后关系，不是同时进行的。这个组合运镜多用于从侧面靠近人物后，再进行跟随。

❻ 倾斜前推后拉镜头，是指镜头倾斜一点角度，先前推靠近人物，再向另一个方向后拉，远离人物。在该镜头的拍摄中，人物的位置是不动的，因此选择一个有特点的背景会更好。

❼ 本章的后期剪辑将为大家讲解为视频设置变速、动画效果、抖音玩法的操作方法，增加视频的趣味性、酷炫感。

8.2 《酷炫街头》分镜头拍摄

《酷炫街头》人物街拍的分镜头片段来源于镜头脚本，根据脚本内容拍摄了6段分镜头，下面将对这些分镜头片段一一进行展示。

8.2.1 下摇+跟随镜头

扫码看视频

【效果展示】：下摇+跟随镜头是指镜头从仰拍下摇至平拍，再跟随人物前进。在人物进入一个场景的时候，可以用下摇+跟随的运镜方式，先仰拍地点环境，再下摇展示人物，并跟随人物前行，让全程画面具有场景代入感。

下摇+跟随镜头效果展示如图8-2所示。

图8-2 下摇+跟随镜头效果展示

运镜教学视频画面如图8-3所示。

图8-3 运镜教学视频画面

【运镜拆解】：下面对脚本和分镜头做详细的介绍。

STEP 01 ▶▶ 镜头仰拍具有特点的招牌，交代人物所处的环境地点，如图8-4所示。

STEP 02 ▶▶ 镜头下摇至平拍角度，人物进场，镜头拍摄人物的背面，如图8-5所示。

STEP 03 ▶▶ 镜头跟随人物一段距离，展示人物所经过的环境，如图8-6所示。

图8-4 镜头仰拍招牌　　图8-5 镜头下摇至平拍角度　　图8-6 镜头跟随人物一段距离

扫码看视频

8.2.2　横移半环绕镜头

【效果展示】：利用墙体做前景，镜头横移拍摄人物走入画面，然后从人物的正面进行180°的半环绕运镜，从人物正面环绕到背面，多方位拍摄人物，让街拍画面更加丰富和生动。

横移半环绕镜头效果展示如图8-7所示。

图8-7　横移半环绕镜头效果展示

运镜教学视频画面如图8-8所示。

图8-8　运镜教学视频画面

【运镜拆解】：下面对脚本和分镜头做详细的介绍。

STEP 01 ≫ 镜头多拍摄墙体，人物从墙壁左侧进入画面，如图8-9所示。

STEP 02 ≫ 镜头左移越过墙壁，拍摄人物的正面，如图8-10所示。

STEP 03 ≫ 在人物前行时，镜头从人物的正面环绕至背面，如图8-11所示。

图8-9　镜头多拍摄墙体　　　图8-10　镜头横移拍摄人物正面　　　图8-11　镜头环绕至人物背面

8.2.3　低角度仰拍跟随镜头

【效果展示】：跟随镜头可以连续地展示环境，让观众有现场代入感，容易产生共鸣。而低角度相对来说是一个不常见的角度，具有新鲜感。

低角度仰拍跟随镜头效果展示如图8-12所示。

图8-12　低角度仰拍跟随镜头效果展示

运镜教学视频画面如图8-13所示。

图8-13　运镜教学视频画面

【运镜拆解】：下面对脚本和分镜头做详细的介绍。

STEP 01 》》人物在街上行走的时候，镜头低角度仰拍人物斜侧面，如图8-14所示。

STEP 02 》》镜头保持低角度仰拍，跟随人物前行，如图8-15所示。

图8-14　镜头低角度仰拍人物斜侧面　　　图8-15　镜头保持拍摄角度跟随人物

8.2.4 上升跟随环绕镜头

【效果展示】：对于街拍来说，想要拍摄全面一些的街道景象，最好的方式就是跟随人物，从低角度到高角度，并环绕人物，全方位地展示人物周围的环境。

上升跟随环绕镜头效果展示如图8-16所示。

图8-16 上升跟随环绕镜头效果展示

运镜教学视频画面如图8-17所示。

图8-17 运镜教学视频画面

【运镜拆解】：下面对脚本和分镜头做详细的介绍。

STEP 01 >>> 镜头放低，从侧面拍摄人物的脚步，如图8-18所示。

STEP 02 >>> 镜头慢慢上升并开始环绕至人物的反侧面，如图8-19所示。

图8-18 镜头从侧面拍摄人物的脚步　　图8-19 镜头上升环绕至人物的反侧面

STEP 03 ▶▶▶ 镜头在跟随人物前行的时候，继续上升环绕，如图8-20所示。

STEP 04 ▶▶▶ 镜头上升环绕至人物的背面，展示人物与周围的环境，如图8-21所示。

图8-20　镜头继续上升环绕　　　　　图8-21　镜头上升环绕至人物的背面

8.2.5　推镜头+跟镜头

扫码看视频

【效果展示】：推镜头+跟镜头展示的是人物进入一个新的场景，且是在上一个场景中出现过的，具有一定的连贯性。在大环境的时候，用推镜头拉近距离，再跟随人物转换场景。

推镜头+跟镜头效果展示如图8-22所示。

图8-22　推镜头+跟镜头效果展示

运镜教学视频画面如图8-23所示。

图8-23　运镜教学视频画面

【运镜拆解】：下面对脚本和分镜头做详细的介绍。

STEP 01 >>> 镜头从人物侧面拍摄人物的全景，如图8-24所示。

STEP 02 >>> 人物前行，镜头向人物侧面位置推近，如图8-25所示。

图8-24 镜头从人物侧面拍摄　　　　　图8-25 镜头向人物侧面推近

STEP 03 >>> 镜头环绕到人物的背面，并跟随人物，如图8-26所示。

STEP 04 >>> 镜头跟随人物一段距离，如图8-27所示。

图8-26 镜头环绕到人物背面　　　　　图8-27 镜头跟随人物一段距离

8.2.6 倾斜前推后拉镜头

扫码看视频

【效果展示】：倾斜前推后拉镜头，是在同一个背景中，镜头结合了前推和后拉两种运镜方式，以此展示人物在一个背景中不同角度的样子，同时利用倾斜的角度来拍摄，让画面更加灵动。

倾斜前推后拉镜头效果展示如图8-28所示。

图8-28 倾斜前推后拉镜头效果展示

运镜教学视频画面如图8-29所示。

图8-29 运镜教学视频画面

【运镜拆解】：下面对脚本和分镜头做详细的介绍。

STEP 01 >> 镜头倾斜一定的角度，在人物的右侧拍摄，如图8-30所示。

STEP 02 >> 镜头保持倾斜角度，前推靠近人物，如图8-31所示。

图8-30 镜头倾斜一定的角度从人物右侧拍摄　　图8-31 镜头前推靠近人物

STEP 03 >> 镜头推近人物之后，镜头倾斜至与前推时相反的方向，如图8-32所示。

STEP 04 >> 镜头保持倾斜角度，逐渐后拉，远离人物和背景，如图8-33所示。

图8-32 镜头倾斜至与前推时相反的方向　　图8-33 镜头保持倾斜角度后拉

8.3 后期剪辑：设置变速、动画和抖音玩法

视频最终要呈现酷炫的感觉，后期剪辑必不可少。用户可以通过为视频素材设置变速效果、动画效果的方式让视频变得更具动感，还可以为视频素材设置一些抖音玩法，增添一些趣味性。

扫码看视频

下面介绍在剪映App中为视频设置变速、动画和抖音玩法的操作方法。

STEP 01 ▶▶▶ 将拍摄好的分镜头素材按顺序导入剪映App中，❶选择第1段素材；❷点击"变速"按钮；❸在弹出的面板中，点击"曲线变速"按钮；❹选择"英雄时刻"变速效果，如图8-34所示，即可为素材设置"英雄时刻"变速效果。

图8-34 选择"英雄时刻"变速效果

STEP 02 ➤➤➤ ①点击"点击编辑"按钮；②选中"智能补帧"复选框；③点击 ☑ 按钮；④弹出相应的提示框，等待补帧完成，如图8-35所示，即可生成顺滑的慢动作。

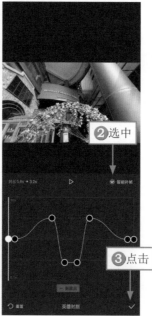

图8-35　弹出相应的提示框

STEP 03 ➤➤➤ 用同样的方法，为第2段素材和第5段素材设置"英雄时刻"变速效果。

STEP 04 ➤➤➤ 返回一级工具栏，①选择第1段素材；②点击"动画"按钮；③在"入场动画"选项卡中，选择"旋转开幕"动画效果；④拖曳蓝色滑块，设置动画时长为0.3s；⑤选择第4段素材；⑥在"组合动画"选项卡中，选择"分身"动画效果；⑦拖曳第2个黄色滑块，设置动画时长为4.0s，如图8-36所示，即可为相应的素材设置动画效果。

图8-36　拖曳黄色滑块

STEP 05 用同样的方法，为第6段素材设置"旋转闭幕"出场动画。

STEP 06 返回一级工具栏，❶选择第3段素材；❷点击"抖音玩法"按钮；❸在"视频玩法"选项卡中，选择"留影子"效果；❹弹出相应的提示框，等待效果生成，如图8-37所示，即可为素材添加"留影子"效果。

图8-37　弹出相应的提示框

STEP 07 关闭视频素材原声，添加一段合适的背景音乐和转场效果，即可导出视频。

09

MIRROR OPERATOR

第9章 | 种草视频：
《唯美汉服》

　　种草视频是一种向观众推荐物品的视频，而成功的种草视频，可以激发观众的购买欲，短时间内提高商品的销量。种草视频有很多种，可以是详细介绍商品用途，可以是分享使用感受，也可以是纯粹地展示商品。本章将通过《唯美汉服》这个视频案例，介绍种草视频的拍摄技巧。

9.1 《唯美汉服》效果展示

　　种草视频《唯美汉服》是一个汉服种草视频，与单纯的人物视频相比，该视频需要更多地展示服装的细节，让观众看到视频之后能感受到汉服之美。

　　在拍摄《唯美汉服》视频之前，首先来欣赏本案例的视频效果，并了解案例的学习目标、脚本设计、知识讲解和要点讲堂。

9.1.1　效果欣赏

　　《唯美汉服》种草视频的画面效果如图9-1所示。

图9-1　《唯美汉服》种草视频的画面效果

9.1.2　学习目标

知识目标	掌握种草视频的拍摄方法
技能目标	（1）掌握跟随摇摄上升镜头的拍摄方法 （2）掌握上升镜头的拍摄方法 （3）掌握仰拍镜头的拍摄方法 （4）掌握侧面跟随镜头的拍摄方法 （5）掌握固定镜头的拍摄方法 （6）掌握在剪映App中对人像进行美颜处理、为视频添加滤镜调色、添加特效的方法，让画面更精美、更有故事感
本章重点	5个分镜头的拍摄
本章难点	视频的后期剪辑
视频时长	5分08秒

9.1.3　脚本设计

　　在拍摄之前和拍摄过程中，需要对脚本进行精细的调整。最好在设计脚本时，多设计一些画面场景，并用不同的运镜方式拍摄多段视频，这样在后期剪辑时，就有多段素材可供选择。本次拍摄使用的工具是手机和手机稳定器。表9-1所示为《唯美汉服》的短视频脚本。

表9-1　《唯美汉服》的短视频脚本

镜　号	运　镜	拍摄画面	时　长	实景拍摄
1	跟随摇摄上升镜头	人物登上古建筑	约10s	
2	上升镜头	人物举伞	约4s	
3	仰拍镜头	人物举伞眺望远方	约2s	
4	侧面跟随镜头	人物在建筑上行走	约5s	
5	固定镜头	人物看向远方	约3s	

9.1.4　知识讲解

在写脚本之前，需要对现场踩点，这样才能提前了解具体环境，实施拍摄计划。最好选择天气晴朗的下午进行，这样可以拍摄到夕阳，或者利用夕阳的光线使画面更唯美。用户也可以为视频增加一些故事性，让观众在欣赏短片的同时，被种草人物的服装吸引，这样可以让视频更加自然。

拍摄古风服装种草视频可以准备一些相应的道具，该视频中使用的是一把油纸伞，其不仅起着给模特提供摆姿势和酝酿情绪的作用，还有利于强化主题，让画面更和谐，也能给观众留下深刻的印象。

9.1.5　要点讲堂

本章主要讲解5个不同运镜方式的拍摄方法，以及使用剪映App快速进行剪辑的操作方法。具体内容如下所述。

❶ 跟随摇摄上升镜头，是镜头跟随人物的移动轨迹进行摇摄的同时，还进行上升运镜。该镜头适合在人物和镜头距离较远，且有高度差的情况下拍摄。

❷ 上升镜头，和前一个镜头相比，少了跟随，且是一个小幅度的上升运镜，适合拍摄近景或者特写。

❸ 仰拍镜头，将焦点放在了人物的上半身，展示了人物和汉服细节。

❹ 侧面跟随镜头，即从人物侧面进行跟随。和其他角度的跟随镜头相比，侧面跟随会更有意境。

❺ 固定镜头，是指镜头固定不动，展现人物状态及服装的镜头。固定镜头的流动感相对较弱，这就需要人物有较强的表现力。

❻ 本章的后期剪辑将为大家讲解在视频中美化人像、添加滤镜调色、添加特效的操作方法，素材经过美化之后才能更吸引人。

9.2 《唯美汉服》分镜头拍摄

《唯美汉服》种草视频的分镜头片段来源于镜头脚本，根据脚本内容拍摄了5段分镜头，下面将对这些分镜头片段一一进行展示。

9.2.1　跟随摇摄上升镜头

扫码看视频

【效果展示】：跟随摇摄上升镜头是镜头在较低处，从人物的侧面拍摄人物上楼登高的画面，在人物登高的同时，镜头也需要跟随人物移动轨迹进行摇摄，同时上升。可以采用近大远小的构图方式，多展示环境，这样可以在视频开端交代环境和人物的关系。

跟随摇摄上升镜头效果展示如图9-2所示。

图9-2　跟随摇摄上升镜头效果展示

运镜教学视频画面如图9-3所示。

图9-3　运镜教学视频画面

【运镜拆解】：下面对脚本和分镜头做详细的介绍。

STEP 01 ▶▶ 人物在楼梯上准备登高，镜头从低处拍摄人物远景，如图9-4所示。

STEP 02 ▶▶ 人物慢慢上楼，走入楼台中，镜头跟随人物移动轨迹摇摄，同时进行上升运镜，如图9-5所示。

图9-4　镜头从低处拍摄人物远景　　　　图9-5　镜头跟随人物进行摇摄上升

9.2.2　上升镜头

扫码看视频

【效果展示】：当人物在举高油纸伞的时候，镜头也跟随人物的手腕进行升高，拍摄人物举伞的画面。镜头在升高的同时，画面内容会发生变化，人物的面容渐渐出现在画面中。另外，从人物的侧面拍摄，可以让人物具有一定的神秘感。并且让人物迎光站立，这样的顺光拍摄可以展示更多的画面细节。

上升镜头效果展示如图9-6所示。

图9-6　上升镜头效果展示

运镜教学视频画面如图9-7所示。

图9-7 运镜教学视频画面

【运镜拆解】：下面对脚本和分镜头做详细的介绍。

STEP 01 ▶▶▶ 人物将油纸伞放在身侧，镜头从侧面进行拍摄，如图9-8所示。

STEP 02 ▶▶▶ 人物慢慢将油纸伞举高，镜头跟随人物动作进行上升运镜，如图9-9所示。

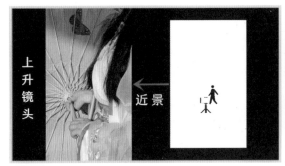

图9-8 镜头从侧面进行拍摄　　　　　　图9-9 镜头进行上升运镜

9.2.3 仰拍镜头

扫码看视频

【效果展示】：第3个镜头是仰拍镜头，拍摄人物眺望远方的画面。从人物的正侧面拍摄，可以直接传递人物的情绪，还可以让人物更显苗条。

仰拍镜头效果展示如图9-10所示。

图9-10 仰拍镜头效果展示

运镜教学视频画面如图9-11所示。

图9-11　运镜教学视频画面

【运镜拆解】：下面对脚本和分镜头做详细的介绍。

STEP 01 ▷▷▷ 在一个合适的机位上固定镜头，仰拍人物的上半身，如图9-12所示。

STEP 02 ▷▷▷ 镜头保持仰拍角度，拍摄人物眺望远方，如图9-13所示。

图9-12　镜头仰拍人物的上半身　　　　　　图9-13　镜头拍摄人物眺望远方

9.2.4　侧面跟随镜头

扫码看视频

【效果展示】：在日落时分，镜头在人物的反侧面，逆光跟随拍摄。在跟随的过程中，光线刚好洒在模特身上，衣服上的轻纱也刚好透光，若隐若现的明暗对比画面，十分具有氛围感。

侧面跟随镜头效果展示如图9-14所示。

图9-14　侧面跟随镜头效果展示

运镜教学视频画面如图9-15所示。

图9-15　运镜教学视频画面

【运镜拆解】：下面对脚本和分镜头做详细的介绍。

STEP 01 >>> 在逆光角度下，镜头从人物的反侧面进行拍摄，如图9-16所示。

STEP 02 >>> 镜头跟随人物向前行走一段距离，如图9-17所示。

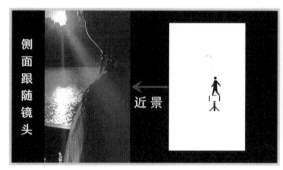

图9-16　镜头从人物的反侧面拍摄　　　　图9-17　镜头跟随人物向前行走

9.2.5　固定镜头

扫码看视频

【效果展示】：最后一个镜头是固定镜头，在一条杉树路上，从人物的斜侧面拍摄人物若有所思地看向远方的画面，让镜头充满故事感。

固定镜头效果展示如图9-18所示。

图9-18　固定镜头效果展示

运镜教学视频画面如图9-19所示。

图9-19　运镜教学视频画面

【运镜拆解】：下面对脚本和分镜头做详细的介绍。

STEP 01 ≫ 在一个合适的机位上固定镜头，从斜侧面拍摄人物，如图9-20所示。

STEP 02 ≫ 镜头拍摄人物看向远方，如图9-21所示，人物动作完成后即可停止拍摄。

图9-20　镜头从斜侧面拍摄人物　　　　　图9-21　镜头拍摄人物看向远方

9.3 后期剪辑：美化视频素材

　　拍摄好合适的分镜头之后，在后期剪辑时为视频中的人像进行美颜处理、为视频添加滤镜和特效，这些操作可以让视频素材最大限度地被美化。

扫码看视频

　　下面介绍在剪映App中美化视频素材的操作方法。

STEP 01 ≫ 将拍摄好的分镜头素材按顺序导入剪映App中，❶选择第3段素材；❷点击"美颜美体"按钮；❸选择"美颜"选项；❹依次设置"磨皮"参数为20，"祛法令纹"参数为20，"祛黑眼圈"参数为30，"美白"参数为40，如图9-22所示，将人物的面部状态调得更好一些。用同样的操作方法，为第5段素材设置同样参数的美颜效果。

STEP 02 ≫ 返回一级工具栏，❶选择第1段素材；❷点击"滤镜"按钮；❸在"风景"选项卡中，选择"风铃"滤镜；❹设置滤镜的应用程度为70；❺选择第2段素材；❻在"风景"选项卡中，选择"绿妍"滤镜，如图9-23所示，即可为素材添加不同的滤镜效果。

图9-22 设置相应的参数

图9-23 选择"绿妍"滤镜

STEP 03 用同样的方法，分别为第3段素材添加"基础"选项卡中的"净白"滤镜；为第4段素材添加"风景"选项卡中的"橘光"滤镜，并设置滤镜的应用程度为60；为第5段素材添加"基础"选项卡中的"清晰"滤镜，对每一段素材都进行相应调整，美化画面。

STEP 04 返回一级工具栏，并拖曳时间轴至起始位置，❶点击"特效"按钮；❷点击"画面特效"按钮；❸在"氛围"选项卡中，选择"浪漫氛围Ⅱ"特效，如图9-24所示，即可为素材添加该特效。

图9-24 选择"浪漫氛围Ⅱ"特效

STEP 05 ❶点击"调整参数"按钮；❷依次设置"速度"参数为15，"不透明度"参数为60，让特效和画面融合得更自然；❸点击✔按钮；❹调整特效时长，如图9-25所示，使其结束位置和视频素材结束位置对齐。

图9-25 调整特效素材时长

STEP 06 关闭视频素材原声，添加一段合适的背景音乐和转场效果，即可导出视频。

10

MIRROR OPERATOR

第10章 | 服装视频：
《时尚女装》

服装视频相较于图文而言，可以全面地向买家展示服装的外形、特点和细节，让买家可以深入地了解服装。一个优秀的人像服装运镜视频可以有效地提升商品的销量。本章将为大家介绍人像服装视频应该怎么运镜拍摄和制作，打造出高级感，从而帮助有需求的用户，带动销量，提升利润。

10.1 《时尚女装》效果展示

《时尚女装》服装视频是主图视频的类型，拍摄模特穿着休闲服装的画面，拍摄场景是在户外，模特为20多岁的女生。

在拍摄《时尚女装》视频之前，首先来欣赏本案例的视频效果，并了解案例的学习目标、脚本设计、知识讲解和要点讲堂。

10.1.1 效果欣赏

《时尚女装》服装视频的画面效果如图10-1所示。

图10-1　《时尚女装》服装视频的画面效果

10.1.2 学习目标

知识目标	掌握服装视频的拍摄方法
技能目标	（1）掌握全景固定镜头的拍摄方法 （2）掌握背面跟随镜头的拍摄方法 （3）掌握仰拍固定镜头的拍摄方法 （4）掌握低角度固定镜头的拍摄方法 （5）掌握固定特写镜头的拍摄方法 （6）掌握左移镜头的拍摄方法 （7）掌握左摇镜头的拍摄方法 （8）掌握在剪映App中使用"剪同款"功能，快速剪辑视频的操作方法
本章重点	7个分镜头的拍摄
本章难点	视频的后期剪辑
视频时长	1分41秒

10.1.3 脚本设计

在实战拍摄人像服装运镜视频时，需要特别注意构图、光线、景别和人物的姿势，这样才能让视频画面更有高级感。本次拍摄使用的工具是手机和手机稳定器。表10-1所示为《时尚女装》的短视频脚本。

表10-1 《时尚女装》的短视频脚本

镜 号	运 镜	拍 摄 画 面	时 长	实 景 拍 摄
1	全景固定镜头	人物坐在长凳上	约5s	
2	背面跟随镜头	人物行走的背面	约4s	
3	仰拍固定镜头	人物转头看镜头	约2s	
4	低角度固定镜头	人物倚靠在自行车上	约4s	

续表

镜 号	运 镜	拍摄画面	时 长	实景拍摄
5	固定特写镜头	人物抬头	约5s	
6	左移镜头	人物手插口袋	约4s	
7	左摇镜头	人物向前行走	约3s	

10.1.4 知识讲解

本次的拍摄中，既有横屏拍摄画面，也有竖屏拍摄画面，在实际的拍摄中，可以根据所拍摄的画面来决定横屏或者竖屏，不用拘泥于一种画幅，通过后期剪辑可以将两种画幅巧妙地结合起来。

不同风格的服装有不同的拍摄主题，对于商家的店铺而言，在品牌调性上也会有自身的特点。因此，服装视频主题一定要结合品牌的功能和定位。常见的拍摄主题有穿搭教学类、摆拍类、主图视频类等。本章展示的是主图视频的拍摄。

不同类型的服装视频对模特有不同的要求，比如，甜美风的服装需要可爱的女生作为模特；运动风的服装需要有肌肉感、力量感的模特；旗袍等服装则需要有气质的模特。

此外，模特在视频拍摄中，也不能呆板地一动不动，需要摆出一定的造型姿势，让视频画面更加自然，以便更好地展示服装。

10.1.5 要点讲堂

本章主要讲解7个不同运镜方式的拍摄方法，以及使用剪映App快速进行剪辑的操作方法。具体内容如下所述。

❶ 全景固定镜头、仰拍固定镜头、低角度固定镜头、固定特写镜头，这4个都是固定机位，镜头保

持不动的镜头，它们的区别在于拍摄角度的不同。当人物动作较多的时候，用固定镜头来拍摄，可以让焦点更好地集中在人物及其所穿的服装上。

❷ 背面跟随镜头，是镜头从人物的背面进行跟随。在本次拍摄中，背面镜头的意义在于为观众呈现服装的背面效果。

❸ 左移镜头，是镜头从右向左移动。移镜头的特点在于可以让画面具有一定的动感和节奏感。

❹ 左摇镜头，是镜头从右向左摇摄。与左移镜头的区别在于，该镜头的机位是固定不动的。

❺ 本章的后期剪辑将为大家讲解剪映App中"剪同款"功能的运用，帮助大家套用合适的模板，快速剪辑出好看的视频。

10.2 《时尚女装》分镜头拍摄

《时尚女装》服装视频的分镜头片段来源于镜头脚本，根据脚本内容拍摄了7段分镜头，下面将对这些分镜头片段一一进行展示。

10.2.1 全景固定镜头

扫码看视频

【效果展示】：先确定好人物的位置，然后选择一个合适的机位固定镜头，选择居中构图的方式，在自然光线下，拍摄人物横坐在长凳上的侧面，需要人物摆出很享受的姿势。

全景固定镜头效果展示如图10-2所示。

图10-2 全景固定镜头效果展示

运镜教学视频画面如图10-3所示。

图10-3 运镜教学视频画面

131

【运镜拆解】：下面对脚本和分镜头做详细的介绍。

STEP 01 >>> 人物坐在长凳上，镜头调整至一个合适机位，从侧面拍摄人物，如图10-4所示。

STEP 02 >>> 人物完成相应动作，镜头固定不动，人物动作完成即可停止拍摄，如图10-5所示。

图10-4　镜头从侧面拍摄人物　　　　图10-5　镜头固定不动

10.2.2　背面跟随镜头

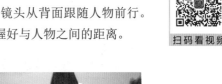

【效果展示】：背面跟随镜头是指人物向前走的同时，镜头从背面跟随人物前行。该镜头主要展示的是服装上半身背面的效果，在拍摄时要把握好与人物之间的距离。

背面跟随镜头效果展示如图10-6所示。

图10-6　背面跟随镜头效果展示

运镜教学视频画面如图10-7所示。

图10-7　运镜教学视频画面

【运镜拆解】：下面对脚本和分镜头做详细的介绍。

STEP 01 >>> 人物在草地上准备前行，镜头从背面拍摄人物，如图10-8所示。

STEP 02 >>> 人物向前行走，镜头从背面跟随一段距离，如图10-9所示，始终保持景别为中景。

图10-8　镜头从背面拍摄人物　　　　图10-9　镜头从背面跟随一段距离

10.2.3　仰拍固定镜头

扫码看视频

【效果展示】：仰拍固定镜头是镜头保持一个合适的仰拍角度，并固定机位拍摄人物。该镜头是在人物的斜侧面微微仰视拍摄，主要展示的是服装上半身的效果。

仰拍固定镜头效果展示如图10-10所示。

图10-10　仰拍固定镜头效果展示

运镜教学视频画面如图10-11所示。

图10-11　运镜教学视频画面

【运镜拆解】：下面对脚本和分镜头做详细的介绍。

STEP 01 ▶▶▶ 选择一个合适的机位固定镜头，微微仰拍人物的侧面，如图10-12所示。

STEP 02 ▶▶▶ 镜头保持仰拍角度，人物回头看向镜头，如图10-13所示。

图10-12　镜头微微仰拍人物的侧面　　　　图10-13　人物回头看向镜头

10.2.4　低角度固定镜头

【效果展示】：低角度固定镜头依然是一个固定镜头，但换成了竖屏拍摄。镜头在自行车的正前方位置，人物倚靠在自行车的坐凳上，侧对镜头，景别为全景，构图方式为引导线构图，展示的是整套衣服的侧面效果。

低角度固定镜头效果展示如图10-14所示。

图10-14　低角度固定镜头效果展示

运镜教学视频画面如图10-15所示。

图10-15 运镜教学视频画面

【运镜拆解】：下面对脚本和分镜头做详细的介绍。

STEP 01 ▶▶▶ 人物倚靠在自行车的坐凳上，镜头从人物的侧面进行拍摄，如图10-16所示。

STEP 02 ▶▶▶ 镜头固定不动，人物回头，并完成相应的动作，如图10-17所示。

图10-16 镜头从人物的侧面拍摄　　　　　　　图10-17 人物回头，并完成相应的动作

10.2.5 固定特写镜头

扫码看视频

【效果展示】：固定特写镜头是该视频中最后一个固定镜头，该固定镜头拍摄的是上衣的特写。人物低头坐着，再慢慢抬头，镜头俯视拍摄人物，展示上衣的布料细节。在拍摄该镜头时要注意拍摄距离，既要将衣服细节清楚地展示出来，又不能太近导致虚焦。

固定特写镜头效果展示如图10-18所示。

图10-18 固定特写镜头效果展示

运镜教学视频画面如图10-19所示。

图10-19　运镜教学视频画面

【运镜拆解】：下面对脚本和分镜头做详细的介绍。

STEP 01 ≫ 人物微微低头，镜头从高处俯拍人物的上半身，如图10-20所示。

STEP 02 ≫ 人物抬头，镜头完全聚焦于人物的服装上，如图10-21所示。

图10-20　镜头俯拍人物的上半身　　　　图10-21　镜头聚焦于人物的服装

10.2.6　左移镜头

扫码看视频

【效果展示】：左移镜头是在人物完成相应动作的同时，镜头稍微向左移动。该镜头是从人物的斜侧面，放低镜头拍摄，展示的是牛仔裤的特写，同时人物的手慢慢插入口袋。

左移镜头效果展示如图10-22所示。

图10-22　左移镜头效果展示

运镜教学视频画面如图10-23所示。

图10-23　运镜教学视频画面

【运镜拆解】：下面对脚本和分镜头做详细的介绍。

STEP 01 ▶▶▶ 镜头贴近牛仔裤的位置，拍摄牛仔裤的特写，如图10-24所示。

STEP 02 ▶▶▶ 人物完成手插口袋的动作，镜头同时稍微向左移动一点，如图10-25所示。

图10-24　镜头拍摄牛仔裤的特写　　　　　图10-25　镜头稍微向左移动一点

10.2.7　左摇镜头

扫码看视频

【效果展示】：左摇镜头是镜头从人物的侧面拍摄，跟随人物的运动轨迹，向左摇摄。该镜头展示的是人物的全景，而人物则需要通过轻松愉快的步伐来展现出整套服装穿在身上的舒适性。

左摇镜头效果展示如图10-26所示。

图10-26　左摇镜头效果展示

运镜教学视频画面如图10-27所示。

图10-27　运镜教学视频画面

【运镜拆解】：下面对脚本和分镜头做详细的介绍。

STEP 01 》》 以路边小草为前景，从侧面拍摄人物的全景，如图10-28所示。

STEP 02 》》 人物向前行走，镜头跟随人物进行摇摄，如图10-29所示，展示人物的运动状态，体现服装的舒适性。

图10-28　镜头从侧面拍摄人物的全景　　　　图10-29　镜头跟随人物进行摇摄

10.3 后期剪辑：剪同款

扫码看视频

视频拍摄完成之后，接下来就要进行剪辑了。那么如何将分镜头组合成一个完整又精美的视频呢？剪映App中有一种快速又简单的视频制作方法。

下面介绍在剪映App中"剪同款"功能的操作方法。

STEP 01 》》 打开剪映App，❶点击"剪同款"按钮，进入"剪同款"界面；❷点击搜索框；❸在搜索框中，搜索"服装"；❹在搜索结果中选择一个合适的模板，如图10-30所示。

STEP 02 》》 进入模板视频播放界面，❶点击右下角的"剪同款"按钮；❷在"视频"选项卡中，依次选择7段分镜头视频；❸点击第1段视频的"编辑"按钮；❹在相应界面中调整画面的位置；❺点击"确认"按钮；❻点击"下一步"按钮，如图10-31所示。

图10-30 选择一个合适的模板

图10-31 点击"下一步"按钮

STEP 03 进入预览效果界面，❶点击"导出"按钮；❷点击🔲按钮，如图10-32所示，等待视频导出完成即可。

图10-32　点击相应按钮

　　剪映App中有非常多的、各种类型的视频剪辑模板，用户可以在"剪同款"界面中，多套用一些模板，根据自己喜欢的模板来练习视频剪辑思路的操作方法。

11

MIRROR OPERATOR

第11章 | 情景短剧：
《甜蜜爱情》

情景短剧是指根据一定的剧本设计，拍摄制作的故事类短视频。这类视频一般是要向观众讲述一个故事，只要设计好了故事脚本，拍摄起来就不会太难。短剧重在讲述故事，因此在拍摄时不一定要用很复杂的运镜方式，相对简单的运镜方式可以给演员更多的空间。而在后期剪辑时，配上相应的解说，会让视频更加吸引人。

11.1 《甜蜜爱情》效果展示

　　《甜蜜爱情》情景短剧讲述的是一个爱情故事，因此需要一男一女两个人物出镜。在拍摄之前，可以让演员培养一定的默契，这样拍起来会更加顺利。

　　在拍摄《甜蜜爱情》视频之前，首先来欣赏本案例的视频效果，并了解案例的学习目标、脚本设计、知识讲解和要点讲堂。

11.1.1 效果欣赏

　　《甜蜜爱情》情景短剧的画面效果如图11-1所示。

图11-1　　《甜蜜爱情》情景短剧的画面效果

11.1.2 学习目标

知识目标	掌握情景短剧的拍摄方法
技能目标	（1）掌握过肩左移镜头的拍摄方法 （2）掌握固定镜头的拍摄方法 （3）掌握环绕后拉镜头的拍摄方法 （4）掌握过肩后拉镜头的拍摄方法 （5）掌握在剪映App中制作解说文字和语音的操作方法
本章重点	4个分镜头的拍摄
本章难点	视频的后期剪辑
视频时长	5分15秒

11.1.3 脚本设计

　　在实战拍摄情景短剧运镜视频时，要特别注意构图、景别、人物的姿势等问题。此外，由于短剧视频中至少会出现两个人物，所以安排好人物之间的互动、确定合适的拍摄机位等都需要提前规划好。本次拍摄使用的工具是手机和手机稳定器。表11-1所示为《甜蜜爱情》的短视频脚本。

表11-1 《甜蜜爱情》的短视频脚本

镜 号	运 镜	拍 摄 画 面	时 长	实景拍摄
1	过肩左移镜头	女生朝着男生走来	约5s	
2	固定镜头	两人递物交谈的画面	约4s	
3	环绕后拉镜头	两个人一起散步	约8	
4	过肩后拉镜头	两个人在桥上看风景	约5s	

11.1.4 知识讲解

情景短剧一般是向观众讲述一个小故事，因此剧情要完善，画面要美观，才能使观众喜欢。

情景短剧需要以故事梗概为指导进行拍摄，只有这样才能获得想要的素材。用户可以先撰写故事大纲或台词文案，再使用合适的运镜手法进行拍摄。

确定好故事主题、设计好情节和台词、选定短剧演员等一系列准备工作完成之后，就可以开始拍摄了。情景短剧的拍摄地点和拍摄天气都是根据剧情来决定的。这里为大家展示的是以《甜蜜爱情》为主题的短剧，因此尽量选择晴朗的天气拍摄。

11.1.5 要点讲堂

本章主要讲解4个不同运镜方式的拍摄方法，以及使用剪映App快速进行剪辑的操作方法。具体内容如下所述。

❶ 过肩左移镜头和过肩后拉镜头，两者的拍摄重点都在"过肩"两个字上。前者是越过男生的肩膀拍摄女生；后者是越过两个人的肩膀，同时展示两个人物的状态。

❷ 固定镜头，是在前文中多次讲解过的一个镜头。该镜头虽然操作起来很容易，但要想拍得好看，需要在构图上多下功夫，找到相应画面最适合的构图方式，如此也可以将简单的镜头变得高级。

❸ 环绕后拉镜头，是镜头一边环绕一边后拉运镜。在实际拍摄该镜头时，具体的环绕角度、后拉距离都要根据实际情况自由调整，可以多进行尝试，以找到最适合的角度和距离。

❹ 本章的后期剪辑将为大家讲解在剪映App中如何制作解说文字和语音，突出视频的故事感。

11.2 《甜蜜爱情》分镜头拍摄

　　《甜蜜爱情》情景短剧的分镜头片段来源于镜头脚本，根据脚本内容拍摄了4段分镜头，下面将对这些分镜头片段一一进行展示。

11.2.1　过肩左移镜头

　　【效果展示】：镜头从男生的背后进行拍摄，将男生的肩膀作为前景，拍摄女生朝着男生走来的画面。在拍摄过程中，要始终保持男生的肩膀出现在画面中，以此体现两个人的互动感，同时还可以交代清楚人物关系。

扫码看视频

　　过肩左移镜头效果展示如图11-2所示。

图11-2　过肩左移镜头效果展示

运镜教学视频画面如图11-3所示。

图11-3　运镜教学视频画面

　　【运镜拆解】：下面对脚本和分镜头做详细的介绍。

STEP 01 ▶▶ 镜头从男生的背后拍摄，将其肩膀作为前景，使远处的女生呈现虚化状态，如图11-4所示。

STEP 02 ▶▶ 女生朝着男生走来，镜头稍稍向左移动一点，如图11-5所示，女生在镜头中逐渐变得清晰。

图11-4　镜头从男生的背后拍摄　　　　　图11-5　镜头稍稍向左移动一点

11.2.2　固定镜头

扫码看视频

【效果展示】：找到一个合适的机位，并利用前景进行构图，拍摄女生还书给男生的画面。在镜头固定时，需要演员更有表现力，这样可以使画面更加生动，让观众更有代入感。

固定镜头效果展示如图11-6所示。

图11-6　固定镜头效果展示

运镜教学视频画面如图11-7所示。

图11-7　运镜教学视频画面

【运镜拆解】：下面对脚本和分镜头做详细的介绍。

145

STEP 01 ▶▶ 以路边的植物为前景，镜头拍摄面对面的两个人，如图11-8所示。

STEP 02 ▶▶ 镜头保持不动，拍摄女生还书给男生的画面，如图11-9所示。

图11-8　镜头拍摄面对面的两个人　　　　图11-9　镜头拍摄女生还书

11.2.3　环绕后拉镜头

扫码看视频

【效果展示】：环绕后拉镜头是镜头从人物的反侧面开始拍摄，人物向前行走，镜头一边环绕至背后，一边进行后拉运镜。该镜头展示的是两个人在草坪上散步，逐渐走远的画面。

环绕后拉镜头效果展示如图11-10所示。

图11-10　环绕后拉镜头效果展示

运镜教学视频画面如图11-11所示。

图11-11　运镜教学视频画面

【运镜拆解】：下面对脚本和分镜头做详细的介绍。

STEP 01 >>> 人物在草坪上散步，镜头拍摄人物的反侧面，如图11-12所示。

STEP 02 >>> 人物向前走，镜头环绕至人物的背后，同时向后拉，如图11-13所示。

STEP 03 >>> 镜头环绕至人物的背后之后，停止环绕，并继续后拉一段距离，如图11-14所示。

图11-12　镜头拍摄人物的反侧面　　图11-13　镜头环绕后拉至人物的背后　　图11-14　镜头后拉一段距离

11.2.4　过肩后拉镜头

扫码看视频

【效果展示】：过肩后拉镜头是指镜头先拍风景，然后慢慢后拉，从人物肩膀越过。该镜头是整个视频的结束镜头，展示的是两个人在桥上看风景。

过肩后拉镜头效果展示如图11-15所示。

图11-15　过肩后拉镜头效果展示

运镜教学视频画面如图11-16所示。

图11-16　运镜教学视频画面

【运镜拆解】：下面对脚本和分镜头做详细的介绍。

STEP 01 ▶▶▶ 镜头从两个人物肩膀之间拍摄人物前面的风景，如图11-17所示。

STEP 02 ▶▶▶ 镜头慢慢后拉越过两个人的肩膀，如图11-18所示。

图11-17　镜头拍摄远处的风景　　　图11-18　镜头后拉越过人物肩膀

11.3 后期剪辑：剪辑短剧

情景短剧一般是要向观众讲述一个故事，因此在后期剪辑中，最好为视频添加相应的文字和语音进行解说。本次剪辑主要用到的操作是添加文字和设置文本朗读。

下面介绍在剪映App中剪辑短剧的操作方法。

STEP 01 ▶▶▶ 将拍摄好的分镜头素材按顺序导入剪映App中，❶依次点击"文字"按钮和"新建文本"按钮；❷输入相应的文字内容；❸切换至"字体"选项卡；❹在"热门"选项卡中，选择一个合适的字体；❺点击 ✓ 按钮；❻在预览窗口中，调整文字的大小和位置；❼点击"复制"按钮，如图11-19所示，复制该文字内容。

图11-19　点击"复制"按钮

STEP 02 >>> ❶调整复制后的文字素材的位置，并选择该文字素材，使其位于第1段文字之后，并使两段文字素材之间留一点间隔；❷点击"编辑"按钮；❸修改文字内容；❹用同样的方法，将剩下的文字添加好，并根据文字内容长短，调整时长，如图11-20所示。

图11-20　添加多个文字素材

STEP 03 >>> ❶选择第1段文字素材；❷点击"文本朗读"按钮；❸在"男声音色"选项卡中，选择"阳光男生"音色；❹选中"应用到全部文本"复选框；❺点击 ✓ 按钮，便会生成相应的音频；❻调整音频素材的位置，如图11-21所示，使音频素材之间的间隔稍微长一点。

图11-21　调整音频素材的位置

STEP 04 >>> 关闭视频素材原声，为视频添加一段合适的背景音乐和转场，即可导出视频。

12

MIRROR OPERATOR

第12章 | 文艺短片：
《唯美夕阳人像》

　　文艺短片是表达情感的一种短片，其中会有很多的艺术元素，并且观众看了之后，会在一定程度上引起共鸣。这类短片的画面精美度会更高，更注重拍摄细节，比较唯美、有氛围感。在拍摄这类短片时不太注重复杂的运镜技巧，重点会放在拍摄内容上。本章将通过《唯美夕阳人像》这一短视频，来为大家讲解文艺短片的拍摄技巧。

12.1 《唯美夕阳人像》效果展示

文艺短片《唯美夕阳人像》中拍摄的都是人物镜头和交代环境的细节镜头，没有单独的空镜头，每个镜头都是同时展示人物和环境。

在拍摄《唯美夕阳人像》视频之前，首先来欣赏本案例的视频效果，并了解案例的学习目标、脚本设计、知识讲解和要点讲堂。

12.1.1 效果欣赏

《唯美夕阳人像》文艺短片的画面效果如图12-1所示。

图12-1 《唯美夕阳人像》文艺短片的画面效果

12.1.2 学习目标

知识目标	掌握文艺短片的拍摄方法
技能目标	（1）掌握使用镜头展示细节、表达情绪的方法 （2）掌握在剪映App中为视频添加滤镜、特效和文字的方法 （3）掌握突出视频情绪氛围的方法
本章重点	5个分镜头的拍摄
本章难点	视频的后期剪辑
视频时长	4分25秒

12.1.3 脚本设计

《唯美夕阳人像》视频中使用的基本是固定镜头，运镜的单一让脚本设计变得更加重要。本次拍摄的变化多在景别和画面内容上，可以多拍摄近景、特写等景别的画面，着重突出人物的情绪。本次拍摄使用的工具是手机和手机稳定器。表12-1所示为《唯美夕阳人像》的短视频脚本。

表12-1 《唯美夕阳人像》的短视频脚本

镜 号	运 镜	拍摄画面	时 长	实景拍摄
1	特写固定镜头	人物在水边放下玻璃瓶	约4s	

续表

镜　　号	运　　镜	拍摄画面	时　　长	实景拍摄
2	慢动作镜头	人物张开双手感受晚风	约4s	
3	近景固定镜头	人物捧着花，看向远处的晚霞	约1s	
4	左移镜头	人物走向水边	约4s	
5	上升镜头	人物站在水边	约3s	

12.1.4　知识讲解

由于本次拍摄的运镜方式比较简单，所以视频的氛围感需要通过对画面或者是场景进行一定的构建，调动人物情绪的方式来传达。

构建场景是指在确定拍摄主题之后，选择适合拍情绪片的场景，或者自己搭建拍摄场景。在日常生活中，有很多容易出片的场景，比如江边、隧道、公园等，选择一个合适的场景，可以让我们的拍摄达到事半功倍的效果。

文艺短片需要多注意细节和特写，因为特写可以放大画面中的美感和情绪点。在拍摄人像时，特写拍摄能在一定程度上扬长避短，凸显人物的优点，捕捉画面中最美的那一帧。

12.1.5　要点讲堂

本章主要讲解5个镜头的拍摄，以及使用剪映App快速进行剪辑的操作方法。具体内容如下所述。

❶ 特写固定镜头、近景固定镜头和慢动作镜头，都可以用来传递人物的情绪，不过前两者是常规速度播放的，慢动作镜头是慢速播放的，效果也会更强一些。使用固定镜头来拍摄人物的特写和近景，是一种很好的表达情绪的拍摄方法。

❷ 左移镜头，是指镜头向左侧移动，移动的幅度需根据实际拍摄情况来确定。上升镜头，是指镜头向上升高。在此次拍摄中，用上升镜头来拍摄人物的远景，展示人物和环境。

❸ 在后期剪辑中，同样要紧扣已定的视频主题，通过为视频素材添加滤镜、特效和文字的方法，让视频更具氛围感。

12.2 《唯美夕阳人像》分镜头拍摄

《唯美夕阳人像》文艺短片的分镜头片段来源于镜头脚本，根据脚本内容拍摄了5段分镜头，下面将对这些分镜头片段一一进行展示。

12.2.1 特写固定镜头

扫码看视频

【效果展示】：人物蹲在岸边，将一个玻璃瓶放在水中，固定镜头，低角度拍摄人物将玻璃瓶放下的这一动作。

特写固定镜头效果展示如图12-2所示。

图12-2 特写固定镜头效果展示

运镜教学视频画面如图12-3所示。

图12-3 运镜教学视频画面

【运镜拆解】：下面对脚本和分镜头做详细的介绍。

STEP 01 ▶▶▶ 镜头低角度拍摄人物的手部，以及手中的玻璃瓶，如图12-4所示。

STEP 02 ▶▶▶ 人物将玻璃瓶放入水中，且一直握着瓶子，镜头始终固定，如图12-5所示。

图12-4　镜头低角度拍摄　　　　　图12-5　镜头始终固定

12.2.2　慢动作镜头

扫码看视频

【效果展示】：慢动作镜头是在"慢动作"模式下拍摄的镜头，可以将人物在正常速度下做的动作放慢。拍摄该镜头时要提前设计好人物要做的动作，适当的肢体动作，可以很好地提升画面质感。

慢动作镜头效果展示如图12-6所示。

图12-6　慢动作镜头效果展示

运镜教学视频画面如图12-7所示。

图12-7　运镜教学视频画面

【运镜拆解】：下面对脚本和分镜头做详细的介绍。

STEP 01 ▶▶ 固定镜头，从反侧面微微仰拍人物的上半身，如图12-8所示。

STEP 02 ▶▶ 镜头保持不动，人物张开双手，感受迎面吹来的晚风，如图12-9所示。

图12-8　镜头从反侧面仰拍人物　　　　图12-9　人物张开双手

12.2.3　近景固定镜头

扫码看视频

【效果展示】：固定镜头，拍摄人物上半身近景。用该镜头来展示人物和远处的晚霞余晖。

近景固定镜头效果展示如图12-10所示。

图12-10　近景固定镜头效果展示

运镜教学视频画面如图12-11所示。

图12-11　运镜教学视频画面

【运镜拆解】：下面对脚本和分镜头做详细的介绍。

STEP 01 ▶▶ 固定镜头，从侧面拍摄人物，如图12-12所示。

STEP 02 ▶▶ 镜头保持不动，拍摄人物看向远处晚霞的画面，如图12-13所示。

图12-12　镜头从侧面拍摄人物　　　图12-13　镜头拍摄人物看晚霞

12.2.4　左移镜头

扫码看视频

【效果展示】：左移镜头是指镜头利用石头做前景，从人物的反侧面拍摄，人物慢慢向水边走去，镜头向左移动一点。

左移镜头效果展示如图12-14所示。

图12-14　左移镜头效果展示

运镜教学视频画面如图12-15所示。

图12-15　运镜教学视频画面

【运镜拆解】：下面对脚本和分镜头做详细的介绍。

STEP 01 ▶▶ 人物准备走向水边，镜头从人物的反侧面拍摄，并以石头作为前景，如图12-16所示。

STEP 02 ▶▶ 人物慢慢走向水边，镜头向左边移动一点，如图12-17所示。

图12-16 镜头从反侧面拍摄 　　　　图12-17 镜头左移一点

12.2.5 上升镜头

扫码看视频

【效果展示】：上升镜头是镜头从相对低的角度往高处上升一点。该镜头是从远处拍摄站在水边的人物，通过上升，将人物和风景都展示出来。

上升镜头效果展示如图12-18所示。

图12-18 上升镜头效果展示

运镜教学视频画面如图12-19所示。

图12-19 运镜教学视频画面

【运镜拆解】：下面对脚本和分镜头做详细的介绍。

STEP 01 >>> 人物站在水边，镜头从侧面拍摄人物远景，如图12-20所示。

STEP 02 >>> 人物孤独地看向远处，镜头慢慢上升一点，展示人物和风景，如图12-21所示。

图12-20　镜头从侧面拍摄人物远景　　　图12-21　镜头慢慢上升一点

12.3　后期剪辑：添加滤镜、特效和文字

扫码看视频

在文艺短片中，氛围感和情绪的传递很重要，因此在后期剪辑时要抓住这两个要点。可以通过添加滤镜、特效和相应的独白文字，营造出所需要的氛围感。

下面介绍在剪映App中为视频添加滤镜、特效和文字的操作方法。

STEP 01 >>> 将拍摄好的分镜头素材按顺序导入剪映App中，❶选择第1段素材；❷点击"滤镜"按钮；❸在"影视级"选项卡中，选择"自由"滤镜；❹设置滤镜应用程度为55；❺点击"全局应用"按钮，如图12-22所示，即可将该滤镜效果应用到所有素材。

图12-22　点击"全局应用"按钮

STEP 02 ▶▶▶ 返回一级工具栏，❶拖曳时间轴至第5段素材的起始位置；❷依次点击"特效"按钮和"画面特效"按钮；❸在"基础"选项卡中，选择"变黑白"特效；❹点击▇按钮，如图12-23所示，即可制作画面逐渐褪色，变成黑白的效果。

图12-23 点击相应按钮

STEP 03 ▶▶▶ 返回一级工具栏，并拖曳时间轴至起始位置，❶依次点击"文字"按钮和"新建文本"按钮；❷输入相应的文字内容；❸切换至"字体"选项卡；❹在"手写"选项卡中，选择一个合适的字体；❺调整文字大小和位置；❻点击▇按钮；❼点击"复制"按钮；❽调整复制后的文字素材的位置和时长，使其处于上一段文字素材之后，结束位置对齐第1段视频素材的结束位置；❾点击"编辑"按钮，如图12-24所示。

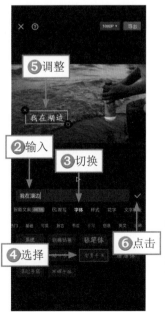

图12-24 点击"编辑"按钮

STEP 04 ▶▶▶ ❶修改相应的文字内容，即可添加一个新的文字素材；❷用同样的方法，为其他视频素材依次添加相应的文字内容，如图12-25所示。

图12-25　添加多个文字素材

STEP 05 ▶▶▶ 关闭视频素材原声，添加一段合适的背景音乐和转场效果，即可导出视频。

13

MIRROR OPERATOR

第13章 | 实景探房：
《欢迎参观新居》

在拍摄商业性质的短视频时，加入一些运镜技巧，可以让作品更有活力，不仅能减少观众的视觉疲劳，还可以在运镜中展示所推销产品的优点，激发观众的购买欲望，促成商品交易。本章的主题是实景探房，这种类型的视频不仅可以在生活分享号上发布，还可以在商业营销号上发表。

13.1 《欢迎参观新居》效果展示

实景探房视频《欢迎参观新居》是一个展示新房的视频短片，在拍摄房屋等室内环境的时候，可以从空间顺序上进行编排，这样视频整体就比较有逻辑感。有条件的话，尽量拍摄装修精美的房屋，这样画面才能出彩。

在拍摄《欢迎参观新居》视频之前，首先来欣赏本案例的视频效果，并了解案例的学习目标、脚本设计、知识讲解和要点讲堂。

13.1.1 效果欣赏

《欢迎参观新居》实景探房视频的画面效果如图13-1所示。

图13-1 《欢迎参观新居》实景探房视频的画面效果

13.1.2 学习目标

知识目标	掌握探房视频的拍摄方法
技能目标	（1）掌握前推镜头的拍摄方法 （2）掌握环绕镜头的拍摄方法 （3）掌握上摇后拉镜头的拍摄方法 （4）掌握摇摄+后拉镜头的拍摄方法 （5）掌握大范围后拉镜头的拍摄方法 （6）掌握在剪映App中为视频设置倒放、添加字幕的操作方法
本章重点	5个分镜头的拍摄
本章难点	视频的后期剪辑
视频时长	4分01秒

13.1.3 脚本设计

在拍摄探房短视频的时候，可以选择从入门、餐厅或者客厅到卧室的路线进行，逐步展示房屋的优点和特色。本次拍摄使用的工具是手机和手机稳定器。表13-1所示为《欢迎参观新居》的短视频脚本。

表13-1 《欢迎参观新居》的短视频脚本

镜 号	运 镜	拍摄画面	时 长	实 景 拍 摄
1	前推镜头	从大门开始拍摄	约9s	
2	环绕镜头	餐桌	约7s	
3	上摇后拉镜头	客厅	约5s	
4	摇摄+后拉镜头	卧室	约7s	
5	大范围后拉镜头	从房中退到门口	约13s	

13.1.4 知识讲解

在拍摄房屋的时候，拍摄者可以使用多种运镜方式拍摄同一主体，比如在拍摄卧室的时候，可以使用摇镜头拍摄，也可以使用后拉、前推等方式拍摄。这样在后期选择镜头的时候，就可以选择拍摄效果最佳的那段镜头。

在拍摄和剪辑时，最好按照一定的逻辑进行操作和处理。比如，前期按照空间顺序进行拍摄，如从大门拍摄到阳台，那么后期剪辑也要按照空间顺序进行排列，这样画面既可以很流畅，也不会漏掉关键信息；用户还可以按照运镜方式的排列进行拍摄。比如，固定用同一个运镜方式来拍摄大部分的场景，后期也可以组接使用相同运镜方式的镜头，让画面方向感统一。

13.1.5 要点讲堂

本章讲解5个不同运镜方式的拍摄方法，以及使用剪映App快速进行剪辑的操作方法。具体内容如下所述。

❶ 前推镜头，就是镜头向前推，这是一个基础镜头。该镜头用来拍摄室内空间，会给人较强的纵深感。

❷ 环绕镜头，是镜头以某一物体为中心，进行环绕运镜。环绕镜头的运动轨迹是弧形，在室内拍

摄时，适合用来拍摄圆桌这种本身就是圆形的物体。

❸ 上摇后拉镜头、摇摄+后拉镜头、大范围后拉镜头，这三组镜头中都有后拉这个基本运镜。和室外相比，室内的空间更为局限，因此一定程度上也限制了运镜，但后拉镜头和前推镜头一样，在室内空间可以拍出纵深感，这也是该镜头多次出现在本次拍摄之中的原因。

❹ 《欢迎参观新居》视频是一个给人感觉比较温馨的视频，是以展示房屋内部空间为主的，因此不用进行太复杂的剪辑。在后期剪辑的讲解中，将为大家介绍为视频设置倒放、添加字幕的操作方法。

13.2 《欢迎参观新居》分镜头拍摄

《欢迎参观新居》实景探房视频的分镜头片段来源于镜头脚本，根据脚本内容拍摄了5段分镜头，下面将对这些分镜头片段一一进行展示。

13.2.1 前推镜头

扫码看视频

【效果展示】：前推镜头就是将镜头向前推。在该视频中，用前推镜头作为探房的开场镜头，拍摄走进房屋的画面。

前推镜头效果展示如图13-2所示。

图13-2　前推镜头效果展示

运镜教学视频画面如图13-3所示。

图13-3　运镜教学视频画面

【运镜拆解】：下面对脚本和分镜头做详细的介绍。

STEP 01 >> 镜头从大门开始拍摄，利用门框形成框式构图，如图13-4所示。

STEP 02 >> 镜头慢慢前推一段距离，开始展示房屋内部环境，如图13-5所示。

图13-4 镜头从大门开始拍摄　　　　图13-5 镜头前推一段距离

13.2.2 环绕镜头

扫码看视频

【效果展示】：环绕镜头是围绕被摄主体进行环绕拍摄。在该视频中，是用环绕镜头展示一个圆形的餐桌。

环绕镜头效果展示如图13-6所示。

图13-6 环绕镜头效果展示

运镜教学视频画面如图13-7所示。

图13-7 运镜教学视频画面

165

【运镜拆解】：下面对脚本和分镜头做详细的介绍。

STEP 01 >>> 将镜头对准餐桌，以餐桌为中心进行环绕，如图13-8所示。

STEP 02 >>> 镜头环绕至接近墙壁的位置，便可以停止拍摄，如图13-9所示。

图13-8　镜头以餐桌为中心进行环绕　　　图13-9　镜头环绕至接近墙壁的位置

13.2.3　上摇后拉镜头

扫码看视频

【效果展示】：上摇后拉镜头是指镜头一边上摇，一边后拉，两种运镜同时进行。在该视频中，使用该镜头来展示客厅的陈设。

上摇后拉随镜头效果展示如图13-10所示。

图13-10　上摇后拉镜头效果展示

运镜教学视频画面如图13-11所示。

图13-11　运镜教学视频画面

166

【运镜拆解】：下面对脚本和分镜头做详细的介绍。

STEP 01 ▶▶ 镜头俯拍并贴近茶几，如图13-12所示。

STEP 02 ▶▶ 镜头慢慢上摇并后拉，上摇至平拍角度，便停止，如图13-13所示。

STEP 03 ▶▶ 镜头继续后拉一段距离，展示客厅的全貌，如图13-14所示。

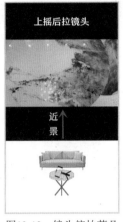  

图13-12　镜头俯拍茶几　　图13-13　镜头上摇至平拍角度　　图13-14　镜头继续后拉一段距离

13.2.4　摇摄+后拉镜头

【效果展示】：摇摄+后拉镜头是摇摄和后拉组合在一起的镜头。在运用该组合镜头时，通过先摇摄，再后拉，最后再摇摄的方式来展示卧室。

摇摄+后拉镜头效果展示如图13-15所示。

图13-15　摇摄+后拉镜头效果展示

运镜教学视频画面如图13-16所示。

图13-16　运镜教学视频画面

【运镜拆解】：下面对脚本和分镜头做详细的介绍。

STEP 01 ▷▷▷ 镜头拍摄卧室的左侧，慢慢向右摇摄，如图13-17所示。

STEP 02 ▷▷▷ 镜头摇摄到卧室右侧后，开始后拉，直到离开卧室，如图13-18所示。

STEP 03 ▷▷▷ 镜头离开卧室之后，向右摇摄，转换画面的焦点，如图13-19所示。

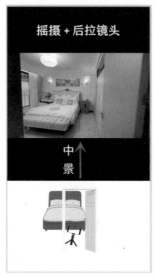

图13-17　镜头拍摄卧室并右摇　　　　图13-18　镜头后拉离开卧室　　　　图13-19　镜头向右摇摄

13.2.5　大范围后拉镜头

扫码看视频

【效果展示】：大范围后拉镜头并不是完全的直线后拉，后拉轨迹是根据空间结构来决定的。在该视频中，使用该镜头作为整个视频的结束镜头，呈现逐渐离开房屋的状态。

大范围后拉镜头效果展示如图13-20所示。

图13-20　大范围后拉镜头效果展示

运镜教学视频画面如图13-21所示。

【运镜拆解】：下面对脚本和分镜头做详细的介绍。

STEP 01 ▷▷ 镜头拍摄客厅右侧，慢慢后拉拍摄，如图13-22所示。

STEP 02 ▷▷ 镜头后拉至接近大门的位置，在后拉过程中适当调整拍摄的角度，如图13-23所示。

图13-21　运镜教学视频画面

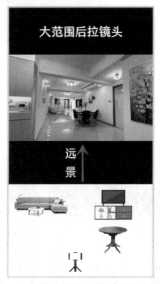

图13-22　镜头慢慢后拉拍摄　　　　　图13-23　镜头后拉至接近大门的位置

13.3 后期剪辑：设置倒放、添加字幕

　　《欢迎参观新居》视频以展示房屋为主，后期剪辑不能过于花哨，要尽量简洁，不影响观众对房屋本身的了解。因此，该视频的后期剪辑比较简单，主要是对素材进行倒放处理，并添加合适的字幕。

　　下面介绍在剪映App中为视频设置倒放、添加字幕的操作方法。

扫码看视频

STEP 01 ▶▶▶ 将拍摄好的分镜头素材按顺序导入剪映App中，❶选择第4段素材；❷点击"倒放"按钮；

③弹出相应的提示框，等待倒放完成，如图13-24所示，即完成倒放设置。

图13-24　弹出相应的提示框

STEP 02 ▷▷▷ 返回一级工具栏，并拖曳时间轴至视频素材的起始位置，❶依次点击"文字"按钮和"新建文本"按钮；❷在文字编辑界面输入相应的文字内容；❸切换至"字体"选项卡；❹在"热门"选项卡中，选择一个合适的字体；❺切换至"花字"选项卡；❻选择一个合适的花字效果，如图13-25所示，即可为文字设置相应的字体效果。

图13-25　选择一个合适的花字效果

STEP 03 ▷▷▷ ❶切换至"动画"选项卡；❷选择"向上露出"入场动画；❸选择"模糊"出场动画，如图13-26所示，即可为文字素材设置相应的动画效果。

图13-26 选择"模糊"出场动画

STEP 04 关闭视频素材原声，添加一段合适的背景音乐和转场效果，即可导出视频。

14

MIRROR OPERATOR

| 第14章 | 宣传视频：
《动感健身房》 |

　　宣传视频是一种带有宣传目的的视频，具有商业化性质。宣传片的类型有很多种，根据类型可以确定宣传的内容，比如宣传企业文化、推广商业产品、树立公司品牌形象等。一段优秀的宣传视频可以为企业打开市场，也可以提升企业的知名度，同时起到引流的作用。本章将向大家介绍宣传视频的拍摄和制作方法。

14.1 《动感健身房》效果展示

　　宣传视频《动感健身房》是一个健身房的宣传短片，其拍摄的重点在于展示健身房的环境、器械，还可以增加一些人物健身的画面，这样可以让观众更好地感受到健身氛围，增强带入感。

　　在拍摄《动感健身房》视频之前，首先来欣赏本案例的视频效果，并了解案例的学习目标、脚本设计、知识讲解和要点讲堂。

14.1.1　效果欣赏

　　《动感健身房》宣传视频的画面效果如图14-1所示。

图14-1　《动感健身房》宣传视频的画面效果

14.1.2 学习目标

知识目标	掌握宣传视频的拍摄方法
技能目标	（1）掌握右摇+上升镜头的拍摄方法 （2）掌握俯拍下降镜头的拍摄方法 （3）掌握特写上升镜头的拍摄方法 （4）掌握俯拍上摇镜头的拍摄方法 （5）掌握低角度半环绕镜头的拍摄方法 （6）掌握左摇镜头的拍摄方法 （7）掌握上升右摇镜头的拍摄方法 （8）掌握在剪映App中为视频设置变速，添加滤镜、字幕、音乐和特效的操作方法，让视频更具有动感
本章重点	7个分镜头的拍摄
本章难点	视频的后期剪辑
视频时长	4分23秒

14.1.3 脚本设计

对于宣传短视频来说，镜头脚本有前期策划的作用，提前规划和制订拍摄计划，才能使拍摄顺利进行。本次拍摄使用的工具是手机和手机稳定器。表14-1所示为《动感健身房》的短视频脚本。

表14-1 《动感健身房》的短视频脚本

镜 号	运 镜	拍摄画面	时 长	实景拍摄
1	右摇+上升镜头	从墙壁摇摄到跑步机	约6s	
2	俯拍下降镜头	哑铃特写	约2s	
3	特写上升镜头	健身器材特写	约2s	
4	俯拍上摇镜头	人物举哑铃	约1s	

续表

镜 号	运 镜	拍摄画面	时 长	实景拍摄
5	低角度半环绕镜头	人物做平板支撑	约2s	
6	左摇镜头	人物坐在器材上健身	约1s	
7	上升右摇镜头	人物在跑步机上跑步	约4s	

14.1.4 知识讲解

在拍摄视频之前，需要对拍摄环境做全面的了解，然后才能确定拍摄内容。本视频是一个关于宣传健身房的视频，因此需要提前了解健身房有哪些器材，具体空间如何，客流量高峰期是哪个时段，然后制订拍摄计划，并避开人群高峰期实施拍摄。

分析受众，也是拍摄前期的一个重要步骤。视频是为了宣传，是给观众观看的，受众人群就决定了视频的风格与内容。在社区健身房视频中，主要的观众是社区居民，如果发布在短视频平台上，受众范围就会广一些。年轻人也是健身房的主要受众，因此视频风格可以偏年轻、时尚化。

14.1.5 要点讲堂

本章主要讲解7个运镜方式的拍摄方法，以及使用剪映App快速进行剪辑的操作方法。具体内容如下所述。

❶ 右摇+上升镜头、俯拍上摇镜头、左摇镜头、上升右摇镜头，都是以摇镜头为主的运镜拍摄方式，这4种运镜方式最大的区别在于运镜方向、运镜角度的不同。在拍摄摇镜头时，要注意摇摄的速度不宜太快，以免稳定器跟不上运镜速度。

❷ 俯拍下降镜头和特写上升镜头，是两组运镜方向相反的镜头。一般而言，升降镜头拍摄出来的视频会给人一种层次感。

❸ 低角度半环绕镜头。环绕镜头在前文中讲过多次，这里的环绕镜头和前文中的最大区别在于低角度。低角度下进行拍摄，需要我们多进行尝试，找到一个最佳的保持运镜稳定的方式，这样拍摄出来的画面才能更加稳定。

❹ 宣传视频《动感健身房》在后期剪辑中，除了要让分镜头素材衔接自然，还应该将剪辑重点放在"动感"二字上。在本章的后期剪辑中，将为大家介绍为视频设置变速，添加滤镜、字幕、音乐和特

效的操作方法。

14.2 《动感健身房》分镜头拍摄

　　《动感健身房》宣传视频的分镜头片段来源于镜头脚本，根据脚本内容拍摄了7段分镜，下面把这些分镜头片段一一进行展示。

14.2.1 右摇+上升镜头

　　【效果展示】：摇摄镜头是让镜头水平或者垂直运动，比如从左往右或者从下往上。这里的摇摄镜头，是先向右摇摄，揭示拍摄地点，再向上摇摄，展示健身房中的跑步机。

扫码看视频

　　右摇+上升镜头效果展示如图14-2所示。

图14-2　右摇+上升镜头效果展示

运镜教学视频画面如图14-3所示。

图14-3　运镜教学视频画面

　　【运镜拆解】：下面对脚本和分镜头做详细的介绍。

STEP 01 ▶▶ 镜头先拍摄墙壁，然后慢慢向右摇摄，拍摄健身房中的跑步机，如图14-4所示。

STEP 02 ▶▶ 镜头拍摄到较多跑步机后，上升一段距离，如图14-5所示，更全面地展示该区域。

图14-4 镜头向右摇摄，拍摄跑步机　　图14-5 镜头上升一段距离

14.2.2 俯拍下降镜头

扫码看视频

【效果展示】：俯拍下降镜头是一个特写镜头，从哑铃台的上方俯拍，慢慢下降拍摄。俯拍下降镜头效果展示如图14-6所示。

图14-6 俯拍下降镜头效果展示

运镜教学视频画面如图14-7所示。

图14-7 运镜教学视频画面

【运镜拆解】：下面对脚本和分镜头做详细的介绍。

STEP 01 >>> 镜头俯拍哑铃特写，如图14-8所示。

STEP 02 >>> 镜头保持俯拍角度，进行下降运镜，如图14-9所示，展示各种不同重量的哑铃。

图14-8　镜头俯拍哑铃特写　　　　图14-9　镜头进行下降运镜

14.2.3　特写上升镜头

扫码看视频

【效果展示】：特写上升镜头也是展示健身器材，和上一个镜头的运镜方向相反，可以形成很自然的连接。

特写上升镜头效果展示如图14-10所示。

图14-10　特写上升镜头效果展示

运镜教学视频画面如图14-11所示。

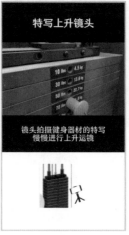

图14-11　运镜教学视频画面

【运镜拆解】：下面对脚本和分镜头做详细的介绍。

STEP 01 >>> 镜头贴近健身器材，拍摄器材的特写，如图14-12所示。

STEP 02 >>> 镜头慢慢上升拍摄，清晰地展示器材的细节，如图14-13所示。

图14-12　镜头拍摄器材的特写　　　　图14-13　镜头慢慢上升拍摄

14.2.4　俯拍上摇镜头

扫码看视频

【效果展示】：俯拍上摇镜头是镜头俯拍人物，上摇拍摄人物举哑铃的动作。该镜头的画面焦点主要聚集在人物手臂和哑铃上。

俯拍上摇镜头效果展示如图14-14所示。

图14-14　俯拍上摇镜头效果展示

运镜教学视频画面如图14-15所示。

图14-15　运镜教学视频画面

【运镜拆解】：下面对脚本和分镜头做详细的介绍。

STEP 01 ≫ 人物躺在健身器材上举哑铃，镜头俯拍人物，如图14-16所示。

STEP 02 ≫ 在人物将哑铃举起来的时候，镜头向上摇一点，如图14-17所示。

图14-16　镜头俯拍人物　　　　　　　图14-17　镜头向上摇一点

14.2.5　低角度半环绕镜头

【效果展示】：低角度半环绕镜头是指镜头贴近地面，拍摄运动的人物，并围绕人物进行180°左右的环绕运镜，在环绕的过程中，全方位展示人物运动的状态。

低角度半环绕镜头效果展示如图14-18所示。

图14-18　低角度半环绕镜头效果展示

运镜教学视频画面如图14-19所示。

图14-19　运镜教学视频画面

【运镜拆解】：下面对脚本和分镜头做详细的介绍。

STEP 01 ▶▶▶ 人物在瑜伽垫上做平板支撑，镜头放低机位，从人物的脚部开始拍摄，如图14-20所示。

STEP 02 ▶▶▶ 镜头向人物的头部方向环绕，如图14-21所示。

STEP 03 ▶▶▶ 镜头继续环绕至人物的另一侧，如图14-22所示。

图14-20　镜头从脚部开始拍摄　　　图14-21　镜头向头部环绕　　图14-22　镜头继续环绕至人物的另一侧

14.2.6　左摇镜头

扫码看视频

【效果展示】：左摇镜头是镜头向左摇，拍摄人物推动健身器械。该镜头展示的是人物坐在器材上运动的画面，利用左摇运镜把画面焦点慢慢聚集于人物手上。

左摇镜头效果展示如图14-23所示。

图14-23　左摇镜头效果展示

运镜教学视频画面如图14-24所示。

图14-24　运镜教学视频画面

【运镜拆解】：下面对脚本和分镜头做详细的介绍。

STEP 01 》》 镜头拍摄人物的手部，如图14-25所示。

STEP 02 》》 人物连续推动健身器械，镜头向左摇，拍摄人物的动作，如图14-26所示。

图14-25　镜头拍摄人物的手部　　　　图14-26　镜头向左摇，拍摄人物的动作

14.2.7　上升右摇镜头

扫码看视频

【效果展示】：上升右摇镜头是镜头一边上升，一边向右摇。该镜头展示的是跑步场景，镜头从跑步机前端上升并右摇，让人物进入画面，展示人物跑步的画面。

上升右摇镜头效果展示如图14-27所示。

图14-27　上升右摇镜头效果展示

运镜教学视频画面如图14-28所示。

图14-28　运镜教学视频画面

【运镜拆解】：下面对脚本和分镜头做详细的介绍。

STEP 01 >>> 人物在跑步机上跑步，镜头微微俯拍，如图14-29所示。

STEP 02 >>> 镜头上升右摇，如图14-30所示，使画面的主体由物转换到人物的腿部。

图14-29　镜头微微俯拍　　　　　　　图14-30　镜头上升右摇

14.3 后期剪辑：制作动感视频

扫码看视频

　　后期剪辑要紧扣视频主题，该视频为《动感健身房》，那么就要通过剪辑让视频具有动感效果。在本次剪辑中，主要是为视频设置变速，添加滤镜、字幕、音乐和特效，以达到预期效果。

　　下面介绍在剪映App中制作动感视频的操作方法。

STEP 01 >>> 将拍摄好的分镜头素材按顺序导入剪映App中，❶选择第1段素材；❷点击"变速"按钮；❸在弹出的面板中，点击"曲线变速"按钮；❹选择"子弹时间"变速效果，如图14-31所示，即可为该素材设置相应的变速效果。

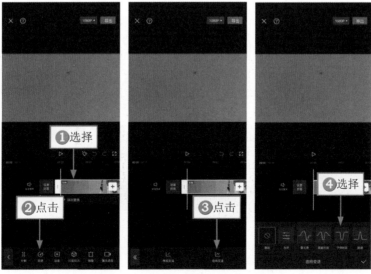

图14-31　选择"子弹时间"变速效果

STEP 02 ❶点击"点击编辑"按钮；❷选中"智能补帧"复选框；❸点击 ✔ 按钮，即可生成顺滑慢动作；❹选择第5段素材；❺返回上一级工具栏，点击"常规变速"按钮，如图14-32所示。

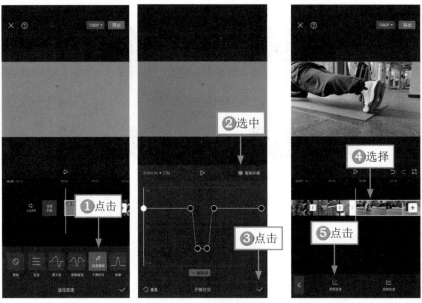

图14-32　点击"常规变速"按钮

STEP 03 拖曳滑块，设置参数为2x，如图14-33所示，加快视频的播放速度。

STEP 04 返回一级工具栏，❶选择第1段素材；❷点击"滤镜"按钮；❸在"复古胶片"选项卡中，选择"德古拉"滤镜，让画面色调偏暗一些；❹点击"全局应用"按钮，如图14-34所示，将滤镜效果应用到所有素材。

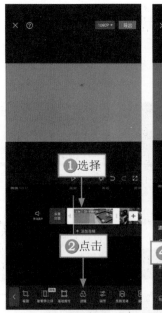

图14-33　拖曳滑块　　　　　　　　图14-34　点击"全局应用"按钮

STEP 05 返回一级工具栏，❶依次点击"音频"按钮和"提取音乐"按钮；❷在"照片视频"选项卡中，选择相应的素材；❸点击"仅导入视频的声音"按钮，即可成功添加背景音乐；❹拖曳时间轴至视频素材的结束位置;❺选择音频素材;❻点击"分割"按钮;❼点击"删除"按钮,如图14-35所示,即可将多余的音频素材删除。

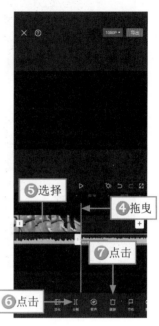

图14-35 点击"删除"按钮

STEP 06 ❶拖曳时间轴至第4段视频素材的起始位置;❷返回一级工具栏,依次点击"文字"按钮和"文字模板"按钮;❸在"科技感"选项卡中,选择一个合适的文字模板;❹修改相应的文字内容;❺点击☑按钮;❻调整文字素材的时长,如图14-36所示,使其与第4段素材对齐。

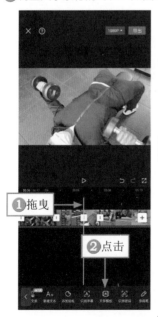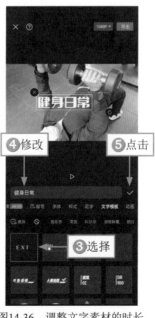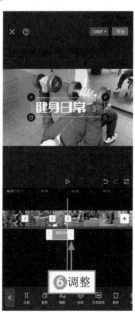

图14-36 调整文字素材的时长

STEP 07 返回一级工具栏,❶拖曳时间轴至15s左右的位置;❷点击"特效"按钮;❸点击"画面特效"按钮;❹在"基础"选项卡中,选择"横向闭幕"特效;❺点击☑按钮,如图14-37所示,即可为视频素材添加闭幕特效。

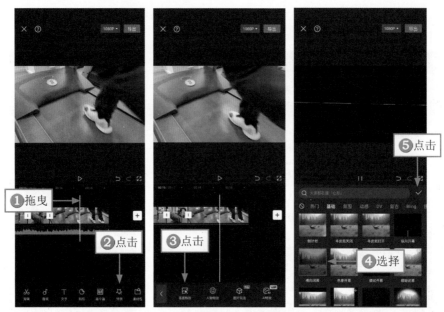

图14-37　选择"横向闭幕"特效

STEP 08 ≫ 将视频素材原声关闭,即可导出视频。

MIRROR OPERATOR

第15章 | 美食视频:
《制作桂花坚果藕粉》

　　美食视频是短视频平台中比较火爆的一类视频,在拍摄此类视频时,展示制作过程与成品环节是重点,在成品展示的时候最好展示成品美食的画面,这样才能让美食看起来更加美味诱人。在拍摄这类视频的时候,可以多选择固定镜头,这样能有效地展现美食的制作过程,如果视频太快或者太跳跃,就会偏离主题。本章将为大家介绍相应的美食视频拍摄和制作技巧。

15.1 《制作桂花坚果藕粉》效果展示

　　《制作桂花坚果藕粉》美食视频是展示美食制作过程的视频，视频的重点在于制作过程，因此在拍摄过程中，找到合适的角度后，要多使用固定镜头来拍摄。

　　在拍摄《制作桂花坚果藕粉》视频之前，首先来欣赏本案例的视频效果，并了解案例的学习目标、脚本设计、知识讲解和要点讲堂。

15.1.1　效果欣赏

　　《制作桂花坚果藕粉》美食视频的画面效果如图15-1所示。

图15-1　《制作桂花坚果藕粉》美食视频的画面效果

15.1.2　学习目标

知识目标	掌握美食视频的拍摄方法
技能目标	（1）掌握左移镜头的拍摄方法 （2）掌握固定镜头的拍摄方法 （3）掌握前推镜头的拍摄方法 （4）掌握在剪映App中为视频添加滤镜和相应文案，以及让文字转换成解说语音的操作方法
本章重点	6个分镜头的拍摄
本章难点	视频的后期剪辑
视频时长	7分50秒

15.1.3　脚本设计

　　在实战拍摄美食视频时，要明确美食制作步骤，根据制作流程来编写拍摄脚本。本次拍摄使用的工具是手机和手机稳定器。表15-1所示为《制作桂花坚果藕粉》的短视频脚本。

表15-1 《制作桂花坚果藕粉》的短视频脚本

镜 号	运 镜	拍摄画面	时 长	实景拍摄
1	左移镜头	展示制作材料和工具	约3s	
2	固定镜头拍原材料	往杯子里加原材料	约2s	
3	前推镜头	往杯子中倒入温水	约2s	
4	固定镜头拍制作过程	搅拌藕粉	约2s	
5	固定+前推镜头	倒入开水，并搅拌	约14s	
6	固定镜头拍成品	展示成品	约4s	

15.1.4　知识讲解

在本次拍摄中，拍摄的全部是竖屏画面，其中运用的大多是固定镜头，且以近景和特写镜头为主。因此在拍摄的时候，可以通过调整焦距来实现景别的调整，这样也可以为美食制作者留出足够的操作空间。

另外，在拍摄之前，出镜制作美食的人，要提前熟悉整个流程，以确保美食制作和拍摄的顺利进行。

15.1.5　要点讲堂

本章主要讲解6个不同运镜方式的拍摄方法，以及使用剪映App快速进行剪辑的操作方法。具体内容如下所述。

❶ 左移镜头，是镜头从右向左移动拍摄。在本次拍摄中，是用来展示美食制作材料的镜头。

❷ 固定镜头，是在本次拍摄中用得最多的镜头。当镜头固定不动时，制作者可以更加专注于美食的制作，而最终呈现出来的视频，观众也不会觉得过于跳跃，观看时会自然而然地将关注点都放在视频中的美食上。

❸ 前推镜头，是镜头前推靠近被摄主体。在运镜空间不够大的情况下，可以选择通过调整焦距的方式，来实现前推运镜的效果。

❹ 能够吸引人观看的美食视频，也离不开后期的剪辑，本章在后期剪辑部分，将为大家讲解为视频添加相应滤镜、制作解说文字，以及将解说文字转换成解说语音的操作方法，帮助大家制作一个完整的美食视频。

15.2　《制作桂花坚果藕粉》分镜头拍摄

《制作桂花坚果藕粉》美食视频的分镜头片段来源于镜头脚本，根据脚本内容拍摄了6段分镜头，下面将对这些分镜头片段一一进行展示。

15.2.1　左移镜头

扫码看视频

【效果展示】：左移镜头是指镜头通过向左移动，将美食制作所需要的材料和工具一一展示出来。

左移镜头效果展示如图15-2所示。

图15-2　左移镜头效果展示

运镜教学视频画面如图15-3所示。

图15-3　运镜教学视频画面

【运镜拆解】：下面对脚本和分镜头做详细的介绍。

STEP 01 》》 将制作藕粉需要的材料和工具放在桌上，镜头近距离拍摄，如图15-4所示。

STEP 02 》》 镜头向左移动一段距离，如图15-5所示，依次展示桌上的所有材料和工具。

图15-4　镜头近距离拍摄材料

图15-5　镜头向左移动一段距离

15.2.2　固定镜头拍原材料

扫码看视频

【效果展示】：从该镜头开始展示制作过程，用固定镜头拍摄人物把藕粉取出来的动作，全程俯拍，突出动作细节。

固定镜头拍原材料效果展示如图15-6所示。

图15-6　固定镜头拍原材料效果展示

191

运镜教学视频画面如图15-7所示。

图15-7　运镜教学视频画面

【运镜拆解】：下面对脚本和分镜头做详细的介绍。

STEP 01 ≫ 找到一个合适的机位，镜头俯拍人物动作，如图15-8所示。

STEP 02 ≫ 镜头保持俯拍角度，人物将藕粉舀入杯子中，如图15-9所示。

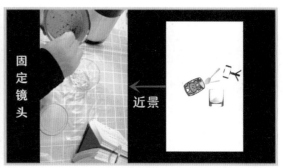

图15-8　镜头俯拍人物动作　　　　　　　图15-9　人物将藕粉舀入杯子中

15.2.3　前推镜头

扫码看视频

【效果展示】：前推镜头是指镜头前推，靠近水杯，展示人物将温水倒入水杯的动作，让杯子处于画面中心。

前推镜头效果展示如图15-10所示。

图15-10　前推镜头效果展示

运镜教学视频画面如图15-11所示。

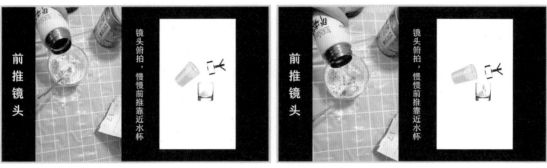

图15-11　运镜教学视频画面

【运镜拆解】：下面对脚本和分镜头做详细的介绍。

STEP 01 >>> 接下来，将要用到的物品放在桌面上，找好合适的机位，镜头俯拍，如图15-12所示。

STEP 02 >>> 将温水倒入放了藕粉的玻璃杯，镜头同时朝水杯方向前推，拍摄这一操作过程，如图15-13所示。

图15-12　镜头俯拍桌面上的物品

图15-13　镜头前推拍摄操作过程

15.2.4　固定镜头拍制作过程

扫码看视频

【效果展示】：第4个镜头又回到了固定镜头的拍摄，该镜头拍摄的是快速搅拌桂花坚果藕粉的过程。搅拌是该美食制作过程中的关键步骤。

固定镜头拍制作过程效果展示如图15-14所示。

图15-14　固定镜头拍制作过程效果展示

运镜教学视频画面如图15-15所示。

图15-15　运镜教学视频画面

【运镜拆解】：下面对脚本和分镜头做详细的介绍。

STEP 01 ▷▷ 镜头近距离拍摄搅拌藕粉的画面，如图15-16所示。

STEP 02 ▷▷ 人物快速搅拌藕粉，镜头固定不动，拍摄整个过程，如图15-17所示。

图15-16　镜头近距离拍摄搅拌藕粉　　　　　图15-17　镜头固定不动

15.2.5　固定+前推镜头

扫码看视频

【效果展示】：固定+前推镜头是镜头多次进行前推和固定，在需要前推时前推一点，前推至合适距离后，再固定拍摄。该镜头展示的是在杯子中倒入开水之后，进行第二次搅拌的过程，因此需要前推放大主体，展示食物的变化。

固定+前推镜头效果展示如图15-18所示。

图15-18　固定+前推镜头效果展示

运镜教学视频画面如图15-19所示。

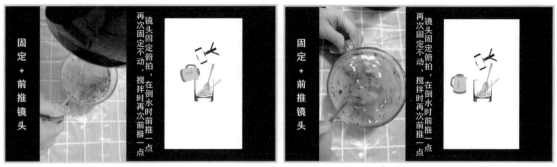

图15-19　运镜教学视频画面

【运镜拆解】：下面对脚本和分镜头做详细的介绍。

STEP 01 ▶▶▶ 镜头固定俯拍，人物将开水倒入杯子中，镜头同时向前推一点，前推至合适距离后固定不动，如图15-20所示。

STEP 02 ▶▶▶ 倒入开水后，开始搅拌藕粉，镜头再次前推一点，如图15-21所示，近距离展示藕粉的变化。

图15-20　镜头前推之后固定不动　　　　　　　图15-21　镜头再次前推一点

15.2.6　固定镜头拍成品

扫码看视频

【效果展示】：固定镜头拍成品是本次拍摄中的最后一个镜头，是用固定镜头展示制作好的成品藕粉，使画面定焦在杯子上，人物用勺子舀一点藕粉，展示细节。

固定镜头拍成品效果展示如图15-22所示。

图15-22　固定镜头拍成品效果展示

运镜教学视频画面如图15-23所示。

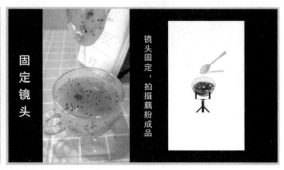

图15-23　运镜教学视频画面

【运镜拆解】：下面对脚本和分镜头做详细的介绍。

STEP 01 》》 将制作好的桂花坚果藕粉放在桌上，镜头近距离拍摄藕粉，如图15-24所示。

STEP 02 》》 镜头保持不动，人物舀一点成品藕粉，展示细节，如图15-25所示。

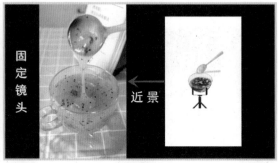

图15-24　镜头近距离拍摄藕粉　　　　　　图15-25　展示藕粉细节

15.3 后期剪辑：制作解说视频

对于美食制作视频，进行步骤解说非常重要，因此可以提前准备好步骤文案，然后用朗读功能制作解说语音，最后再添加合适的解说文字即可。本次剪辑中除了制作解说语音和文字外，还会为视频素材添加滤镜，让视频更加美观。

扫码看视频

下面介绍在剪映App中为视频添加滤镜、制作解说语音的操作方法。

STEP 01 》》 将拍摄好的分镜头素材按顺序导入剪映App中，❶选择第6段视频素材；❷点击"复制"按钮；❸拖曳复制后的素材至起始位置，在视频开始放置一个成品展示镜头；❹点击"滤镜"按钮；❺在"美食"选项卡中，选择"轻食"滤镜；❻点击"全局应用"按钮，如图15-26所示，将该滤镜效果应用到所有素材。

STEP 02 》》 返回一级工具栏，❶依次点击"文字"按钮和"文字模板"按钮；❷在"美食"选项卡中，选择一个合适的模板；❸修改文字内容；❹点击✔按钮；❺拖曳文字素材右侧的白色拉杆，如图15-27所示，调整文字素材的时长，使其对齐第1段视频素材。

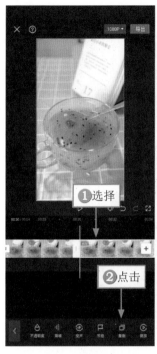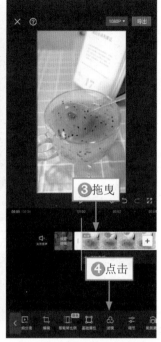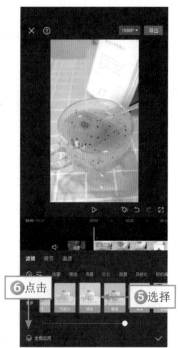

图15-26 点击"全局应用"按钮

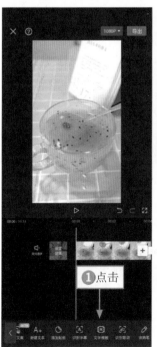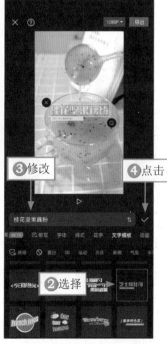

图15-27 拖曳白色拉杆

STEP 03 ≫ 返回上一级工具栏，❶点击"文字模板"按钮；❷在"任务清单"选项卡中，选择一个合适的模板；❸修改文字内容；❹调整文字在画面中的位置；❺调整文字素材的时长，使其对齐第2段素材，如图15-28所示。

图15-28　调整文字素材的时长

STEP 04 >>> ❶选择第3段视频素材；❷点击"定格"按钮；❸调整定格片段时长为1.5s；❹返回上一级工具栏，拖曳时间轴至定格片段起始位置；❺点击"文字模板"按钮，如图15-29所示。

STEP 05 >>> ❶在"字幕"选项卡中，选择一个合适的文字模板；❷修改相应的文字内容；❸点击✔按钮；❹调整文字大小和位置；❺调整文字素材的时长，使其与定格片段对齐，如图15-30所示。

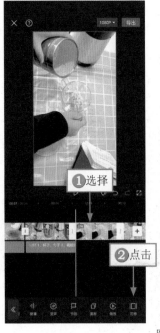  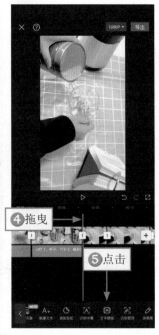

图15-29　点击"文字模板"按钮

STEP 06 >>> 用同样的方法，为第4段视频素材和第6段视频素材设置1.5s的定格，❶选择刚刚制作好的文字素材；❷点击"复制"按钮；❸调整复制后文字素材的位置，使其与第2个定格片段对齐，并选择复制后的文字素材；❹点击"编辑"按钮，如图15-31所示。

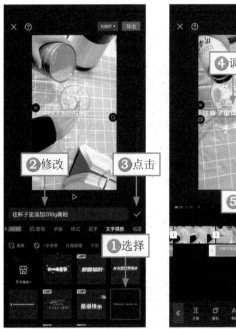

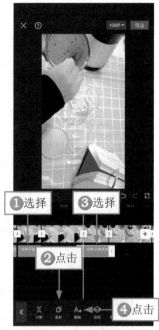

图15-30 调整文字素材的时长　　　　　　　　　图15-31 点击"编辑"按钮

STEP 07 ❱❱❱ ❶在文字编辑界面中，修改文字内容；❷调整文字的大小和位置，使文字不被遮挡，如图15-32所示。

STEP 08 ❱❱❱ 用同样的方法，为第3个定格片段和第7段视频素材添加相应的文字。

STEP 09 ❱❱❱ 返回一级工具栏，并拖曳时间轴至视频起始位置，❶依次点击"文字"按钮和"新建文本"按钮；❷输入相应的文字内容；❸点击✓按钮，如图15-33所示。

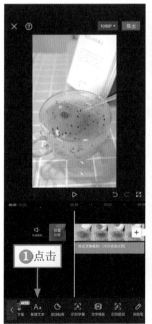
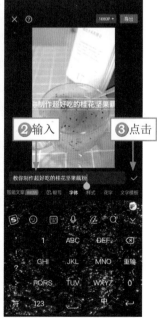

图15-32 调整文字的大小和位置　　　　　　　　图15-33 点击相应的按钮

STEP 10 ❶点击"文本朗读"按钮；❷在"萌趣动漫"选项卡中，选择"动漫海绵"音色；❸点击 ✓ 按钮；❹点击"删除"按钮，如图15-34所示，删除文字内容，制作出只有声音，没有字幕的效果。

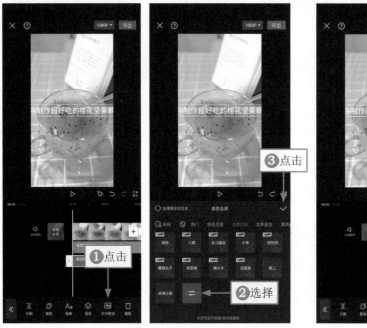

图15-34 点击"删除"按钮

STEP 11 用同样的方法，依次为操作步骤的解说文字生成"动漫海绵"音色的解说语音，并保留文字内容。

STEP 12 关闭视频素材原声，为视频添加一个合适的背景音乐，即可导出视频。

16

MIRROR OPERATOR

第16章 | 开箱视频：
《无人机开箱》

开箱视频也是商业性视频的一种，它容易引发观众的好奇心，进而了解商品。拍摄开箱视频，要根据商品的特点来选择运镜和剪辑方式。例如，本章将为大家带来的是《无人机开箱》视频，为该视频设定的是炫酷风格，这也比较符合人们对这一商品的认知。因此，在拍摄和剪辑视频时，都需要思考如何让视频呈现相应的效果。

16.1 《无人机开箱》效果展示

开箱视频《无人机开箱》是展示无人机开箱过程的视频，其重点在于开箱过程和商品展示，因此在拍摄之前，要先设计好整个开箱和展示的流程。

在拍摄《无人机开箱》视频之前，首先来欣赏本案例的视频效果，并了解案例的学习目标、脚本设计、知识讲解和要点讲堂。

16.1.1 效果欣赏

《无人机开箱》开箱视频的画面效果如图16-1所示。

图16-1 《无人机开箱》开箱视频的画面效果

16.1.2 学习目标

知识目标	掌握开箱视频的拍摄方法
技能目标	（1）掌握旋转后拉镜头的拍摄方法 （2）掌握后拉+前推+下降镜头的拍摄方法 （3）掌握后拉镜头的拍摄方法 （4）掌握俯视旋转镜头的拍摄方法 （5）掌握在剪映App中为视频素材设置变速、添加片头片尾的操作方法，让视频变得酷炫起来
本章重点	4个分镜头的拍摄
本章难点	视频的后期剪辑
视频时长	5分38秒

16.1.3 脚本设计

在实战拍摄开箱视频时，需要明确开箱步骤，根据制作流程来编写拍摄脚本。本次拍摄使用的工具是手机和手机稳定器。表16-1所示为《无人机开箱》的短视频脚本。

表16-1 《无人机开箱》的短视频脚本

镜 号	运 镜	拍摄画面	时 长	实 景 拍 摄
1	旋转后拉镜头	展示外包装盒	约4s	
2	后拉+前推+下降镜头	将无人机单肩包取出	约22s	
3	后拉镜头	展示无人机的整体	约9s	
4	俯视旋转镜头	展示无人机和所有配件	约11s	

16.1.4 知识讲解

本次为开箱视频设定的是炫酷风格，因此在拍摄时，可以相对跳跃，不用细致地展示每一个步骤，可以给人带来意想不到的效果。此外，需要运用一些相对复杂的运镜方式，以便更好地达到炫酷的效果。

本章案例所展示的分镜头是经过挑选的，但是大家在实际拍摄时，可以多拍摄一些分镜头，这样在后期剪辑时可以有更多的选择。

16.1.5 要点讲堂

本章主要讲解4个不同运镜方式的拍摄方法，以及使用剪映App快速进行剪辑的操作方法。具体内容如下所述。

❶ 旋转后拉镜头，需要将稳定器切换至"旋转拍摄"模式，并在拍摄时一边旋转一边后拉。

❷ 后拉+前推+下降镜头，是3个运镜方式组合在一起的镜头，并且是先后拉，再前推，最后下降，是先后拍摄的，而不是同时进行的运镜。

❸ 后拉镜头，是镜头向后拉，逐渐远离被摄对象，该镜头展示的是无人机的整体。

❹ 俯视旋转镜头，是镜头在俯拍角度下进行旋转拍摄。从物品上方进行俯拍，会给人一种上帝视角的感觉，是一种更特别的视觉体验。

❺ 拍摄并挑选好分镜头之后，接下来就是进行后期剪辑了，本章主要讲解为素材设置变速，以及添加合适的片头片尾的操作方法，通过简单的操作，来达成炫酷的效果。

16.2 《无人机开箱》分镜头拍摄

《无人机开箱》视频的分镜头片段来源于镜头脚本，根据脚本内容拍摄了4段分镜头，下面将对这些分镜头片段一一进行展示。

16.2.1 旋转后拉镜头

扫码看视频

【效果展示】：旋转后拉镜头是镜头在旋转的同时，进行后拉拍摄。本次开箱视频中，用旋转后拉镜头来展示无人机的外包装盒。

旋转后拉镜头效果展示如图16-2所示。

图16-2　旋转后拉镜头效果展示

运镜教学视频画面如图16-3所示。

图16-3　运镜教学视频画面

【运镜拆解】：下面对脚本和分镜头做详细的介绍。

STEP 01 ▶▶ 将稳定器切换至"旋转拍摄"模式，镜头旋转一定角度，贴近包装盒，如图16-4所示。

STEP 02 ▶▶ 让镜头始终朝同一方向旋转，同时后拉一段距离，如图16-5所示。

图16-4　镜头贴近包装盒

图16-5　镜头旋转后拉一段距离

16.2.2　后拉+前推+下降镜头

扫码看视频

【效果展示】：后拉+前推+下降镜头是在后拉运镜之后，再进行前推拍摄，最后转换为下降拍摄。在本次开箱视频中，使用该镜头拍摄从包装盒中取出单肩包的动作，以及展示单肩包的外观。

后拉+前推+下降镜头效果展示如图16-6所示。

图16-6　后拉+前推+下降镜头效果展示

运镜教学视频画面如图16-7所示。

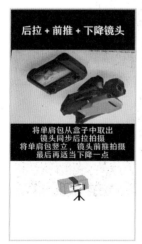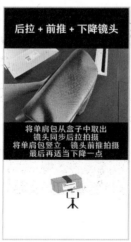

图16-7　运镜教学视频画面

【运镜拆解】：下面对脚本和分镜头做详细的介绍。

205

STEP 01 ▶▶ 镜头俯拍包装盒，将单肩包取出，镜头同时后拉拍摄这一动作，如图16-8所示。

STEP 02 ▶▶ 将单肩包竖立，镜头前推拍摄单肩包，如图16-9所示。

STEP 03 ▶▶ 将单肩包旋转至正面对着镜头，镜头进行下降拍摄，如图16-10所示。

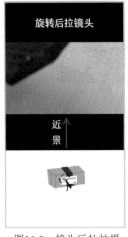  

图16-8　镜头后拉拍摄　　　图16-9　镜头前推拍摄　　　图16-10　镜头下降拍摄

16.2.3　后拉镜头

【效果展示】：后拉镜头是指镜头向后拉，逐渐远离被摄主体。在本次开箱视频中，使用该镜头来展示无人机的整体。

后拉镜头效果展示如图16-11所示。

图16-11　后拉镜头效果展示

运镜教学视频画面如图16-12所示。

图16-12　运镜教学视频画面

【运镜拆解】：下面对脚本和分镜头做详细的介绍。

STEP 01 ▷▷▷ 镜头从无人机前方拍摄，并贴近无人机主体，如图16-13所示。

STEP 02 ▷▷▷ 镜头后拉一段距离，展示无人机全貌，如图16-14所示。

图16-13　镜头贴近无人机　　　　图16-14　镜头后拉一段距离

16.2.4　俯视旋转镜头

扫码看视频

【效果展示】：俯视旋转镜头就是指镜头在俯视角度下，进行旋转拍摄。在本次开箱视频中，使用该镜头来展示无人机和所有配件。

俯视旋转镜头效果展示如图16-15所示。

图16-15　俯视旋转镜头效果展示

运镜教学视频画面如图16-16所示。

图16-16　运镜教学视频画面

【运镜拆解】：下面对脚本和分镜头做详细的介绍。

STEP 01 ▶▶▶ 镜头旋转一定角度，俯拍无人机和配件，如图16-17所示。

STEP 02 ▶▶▶ 镜头旋转180°左右，展示所有物品，如图16-18所示。

图16-17　镜头俯拍无人机和配件　　　　图16-18　镜头旋转180°左右

16.3 后期剪辑：剪辑炫酷视频

扫码看视频

　　《无人机开箱》视频是一个比较炫酷的视频，要想达到炫酷的效果，后期剪辑非常重要。为视频设置变速可以增加趣味性的炫酷感，添加片头片尾则可以让观众对品牌加深印象。

　　下面介绍在剪映App中为视频设置变速、添加片头片尾的操作方法。

STEP 01 ▶▶▶ 将拍摄好的分镜头素材按顺序导入剪映App中，❶选择第1段视频素材；❷点击"变速"按钮；❸在弹出的面板中，点击"曲线变速"按钮；❹选择"蒙太奇"变速效果，如图16-19所示，即可为视频设置"蒙太奇"变速效果。

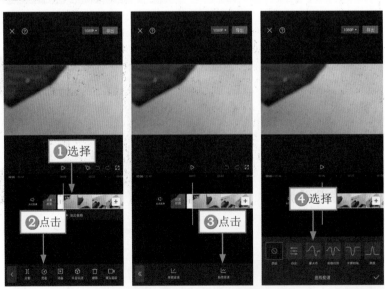

图16-19　选择"蒙太奇"变速效果

STEP 02 ❶点击"点击编辑"按钮；❷选中"智能补帧"复选框；❸点击✔按钮；❹弹出相应的提示框，等待补帧完成，如图16-20所示，即可生成顺滑的慢动作。

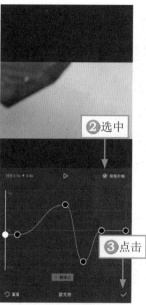

图16-20　弹出相应的提示框

STEP 03 用同样的方法，为其余3段素材设置"蒙太奇"变速效果。

STEP 04 返回一级工具栏，并拖曳时间轴至起始位置，❶点击"＋"按钮；❷在"素材库"选项卡中，选择"热门"中的黑色背景图；❸选中"高清"复选框；❹点击"添加"按钮；❺调整素材时长为1s，如图16-21所示。

图16-21　调整素材的时长

STEP 05 返回一级工具栏，并拖曳时间轴至起始位置，❶依次点击"文字"按钮和"新建文本"按钮；❷输入相应的文字内容；❸切换至"字体"选项卡；❹在"热门"选项卡中选择一个合适的字体；❺切换至"花字"选项卡；⑥在"黑白"选项卡中，选择一个合适的花字效果，如图16-22所示，为文字设置相应的字体。

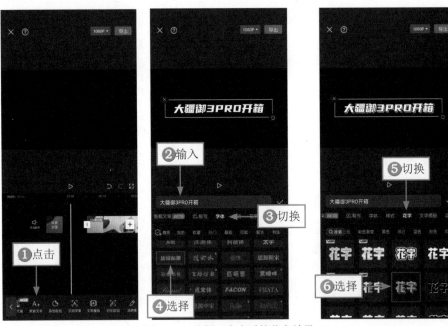

图16-22　选择一个合适的花字效果

STEP 06 ▶▶ ①切换至"动画"选项卡；②在"入场"选项卡中，选择"冲屏位移"动画效果；③点击✓按钮；④调整文字素材的时长，使其与黑色背景的结束位置对齐，即可成功添加片头；⑤拖曳时间轴至视频结束位置；⑥点击"＋"按钮，如图16-23所示。

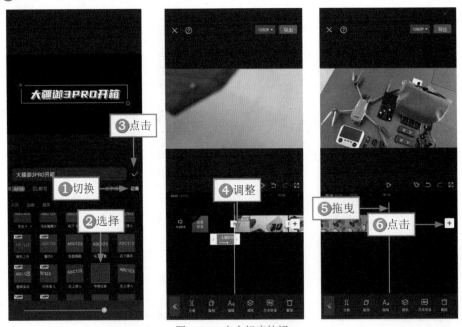

图16-23　点击相应按钮

STEP 07 ▶▶ ①在"素材库"中选择一个合适的片尾素材；②选中"高清"复选框；③点击"添加"按钮，即可添加该片尾素材；④拖曳时间轴至35s左右的位置；⑤选择片尾素材；⑥点击"分割"按钮；⑦选择分割的前一段素材；❽点击"删除"按钮，如图16-24所示，即可删除多余素材，只留下所需要的部分。

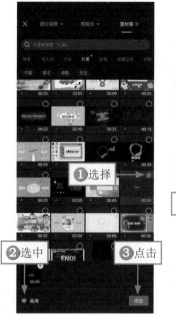
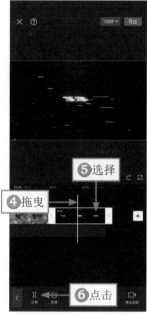

图16-24　点击"删除"按钮

STEP 08 ➤➤ 将视频原声关闭，为视频添加合适的背景音乐和转场，即可导出视频。

211

17

MIRROR OPERATOR

第17章 | **总结视频：**
《邂逅夏天》

　　总结视频主要是指用视频来对自己一段时间内的工作或者生活进行总结，如果拍摄人像视频，就需要在几个不同的地点，人物穿上不同的服装进行拍摄，这样才能更好地体现出时间的变化。该类视频适合用户分享自己一段时间内的日常生活，比如可以展示自己去了哪些地方，将在相应地点拍摄的视频剪辑在一起，形成一个总结视频。

17.1 《邂逅夏天》效果展示

总结视频《邂逅夏天》是在夏天即将过去之时，拍摄制作的一个回顾夏季出游的视频。总结视频的重点在于展示人物和所处的不同环境，人物出镜时最好表现出愉快、惬意的感觉。

在拍摄《邂逅夏天》视频之前，首先来欣赏本案例的视频效果，并了解案例的学习目标、脚本设计、知识讲解和要点讲堂。

17.1.1 效果欣赏

《邂逅夏天》总结视频的画面效果如图17-1所示。

图17-1 《邂逅夏天》总结视频的画面效果

17.1.2 学习目标

知识目标	掌握总结视频的拍摄方法
技能目标	（1）掌握无缝转场镜头的拍摄方法 （2）掌握前推镜头的拍摄方法 （3）掌握前推旋转镜头的拍摄方法 （4）掌握运动环绕+上移镜头的拍摄方法 （5）掌握背后跟随镜头的拍摄方法 （6）掌握在剪映App中使用"一键成片"功能剪辑短视频
本章重点	5个分镜头的拍摄
本章难点	视频的后期剪辑
视频时长	2分00秒

17.1.3 脚本设计

在实战拍摄总结视频时，需要了解拍摄内容和场景，在对拍摄内容有大致构想之后，就可以进一步细化为拍摄脚本。本次拍摄使用的工具是手机和手机稳定器。表17-1所示为《邂逅夏天》的短视频脚本。

表17-1　《邂逅夏天》的短视频脚本

镜 号	运 镜	拍摄画面	时 长	实景拍摄
1	无缝转场镜头	人物在江边行走	约13s	
2	前推镜头	人物赏花	约5s	
3	前推旋转镜头	人物向前行走	约11s	
4	运动环绕+上移镜头	人物行走	约9s	
5	背后跟随镜头	人物在古街中行走	约9s	

17.1.4　知识讲解

　　总结视频有多种类型，如工作总结、生活总结等，用户可以针对所选主题，拍摄对应的视频素材，然后制作总结视频。本章为大家展示的是生活类的总结视频。

　　拍摄生活类总结视频，需要多个不同场景进行拍摄，展示人物在一段时间内去的多个地方。此外，人物最好在不同场景中穿着不同的服饰，这样才能更好地体现出时间上的不同。

17.1.5　要点讲堂

　　本章主要讲解5个不同运镜方式的拍摄方法，以及使用剪映App快速进行剪辑的操作方法。具体内容如下所述。

　　❶ 无缝转场镜头，是由两段镜头组合起来的。这组镜头一般是用来展现和达成人物无缝转换拍摄场景。

　　❷ 前推镜头，是镜头向前推近，逐渐靠近被摄对象。该镜头在拍摄人物时，可以逐渐清晰地展示人物状态。

　　❸ 前推旋转镜头，是镜头一边前推一边旋转。在前推的基础上增加旋转，可以带来更加炫酷的视觉体验。

④ 运动环绕+上移镜头，是镜头在跟随人物运动的过程中围绕人物进行环绕运镜，并同时进行上移拍摄，改变拍摄角度。

⑤ 背后跟随镜头，即镜头从人物背后进行跟随。该镜头适合在特色感较强的街道中进行拍摄，这样拍摄出来的视频会给人较强的景深感。

⑥ 拍摄好分镜头之后，接下来就是进行后期剪辑了，本章将为大家讲解剪映App中的"一键成片"功能，帮助大家快速出片。

17.2 《邂逅夏天》分镜头拍摄

《邂逅夏天》总结视频的分镜头片段来源于镜头脚本，根据脚本内容拍摄了5段分镜头，下面将对这些分镜头片段一一进行展示。

17.2.1 无缝转场镜头

扫码看视频

【效果展示】：无缝转场镜头是由前推和后拉两个镜头组成的，镜头通过贴近人物的衣服，来达成无缝转场的效果。

无缝转场镜头效果展示如图17-2所示。

图17-2 无缝转场镜头效果展示

运镜教学视频画面如图17-3所示。

图17-3 运镜教学视频画面

【运镜拆解】：下面对脚本和分镜头做详细的介绍。

STEP 01 ▶▶ 第1段视频，人物从远处走来，镜头从人物的正面拍摄，同时朝着人物的方向前推，如图17-4所示。

STEP 02 ▶▶ 人物保持前行，镜头一直前推，直至贴近人物衣服，如图17-5所示。

图17-4　镜头从人物的正面前推

图17-5　镜头前推贴近衣服

STEP 03 ▶▶ 第2段视频，人物站在江边看风景，镜头从贴近人物衣服处开始后拉，如图17-6所示。

STEP 04 ▶▶ 人物不动，镜头后拉一段距离，后拉幅度不用很大，展示人物和远处的风景，如图17-7所示。

图17-6　镜头从贴近衣服处后拉

图17-7　镜头后拉一段距离

17.2.2　前推镜头

扫码看视频

【效果展示】：前推镜头是镜头前推，逐渐靠近人物，展现人物的神态。这里用该镜头拍摄人物赏花，展现人物赏花之后的愉快心情。

前推镜头效果展示如图17-8所示。

图17-8　前推镜头效果展示

运镜教学视频画面如图17-9所示。

图17-9　运镜教学视频画面

【运镜拆解】：下面对脚本和分镜头做详细的介绍。

STEP 01 ▷▷▷ 人物在路边赏花，镜头从远处前推，如图17-10所示。

STEP 02 ▷▷▷ 人物转身看镜头，镜头前推拍摄人物的表情，如图17-11所示。

图17-10　镜头从远处前推　　　　图17-11　镜头前推拍摄人物的表情

17.2.3　前推旋转镜头

【效果展示】：前推旋转镜头是指镜头在前推的同时，还进行旋转运镜。这里用该镜头展示人物向前行走的画面，其中人物呈现的是一种炫酷的状态。

扫码看视频

217

前推旋转镜头效果展示如图17-12所示。

图17-12　前推旋转镜头效果展示

运镜教学视频画面如图17-13所示。

图17-13　运镜教学视频画面

【运镜拆解】：下面对脚本和分镜头做详细的介绍。

STEP 01 ▶▶▶ 人物从远处走来，镜头前推一段距离，如图17-14所示。

STEP 02 ▶▶▶ 人物继续前行，镜头开始旋转，并保持前推，如图17-15所示。

STEP 03 ▶▶▶ 人物继续前行，镜头旋转前推至人物和镜头擦肩而过，如图17-16所示。

图17-14　镜头前推一段距离　　图17-15　镜头旋转并前推　　图17-16　镜头旋转前推至人物和镜头
擦肩而过

17.2.4 运动环绕+上移镜头

【效果展示】：运动环绕+上移镜头是指镜头跟随人物的向前行走而运动，并从右向左环绕人物，在环绕的过程中进行上移拍摄。

运动环绕+上移镜头效果展示如图17-17所示。

图17-17 运动环绕+上移镜头效果展示

运镜教学视频画面如图17-18所示。

图17-18 运镜教学视频画面

【运镜拆解】：下面对脚本和分镜头做详细的介绍。

STEP 01 ≫ 人物前行时，镜头从右侧低角度拍摄人物，如图17-19所示。

STEP 02 ≫ 人物继续前行，镜头环绕到人物的背面并上移镜头，如图17-20所示。

STEP 03 ≫ 镜头环绕到人物的侧面，并上移拍摄人物的上半身近景，整体画面不仅富有张力，而且具有流动感，从而全方位、多角度地展现人物，如图17-21所示。

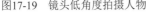

图17-19 镜头低角度拍摄人物　　图17-20 镜头环绕上移到人物的背面　　图17-21 镜头环绕上移到人物的侧面

17.2.5　背后跟随镜头

【效果展示】：背后跟随镜头就是镜头从人物背后跟随人物前行。这里用该镜头拍摄人物在一个古街中行走的画面。

背后跟随镜头效果展示如图17-22所示。

图17-22　背后跟随镜头效果展示

运镜教学视频画面如图17-23所示。

图17-23　运镜教学视频画面

【运镜拆解】：下面对脚本和分镜头做详细的介绍。

STEP 01 ▷▷▷ 人物走在古街上，镜头从人物背后进行拍摄，如图17-24所示。

STEP 02 ▷▷▷ 人物向前行走，镜头从人物背后跟随一段距离，如图17-25所示。

图17-24　镜头从人物背后拍摄　　　图17-25　镜头从人物背后跟随一段距离